图 2-6　家纺布艺时尚展示

图 2-9　法兰克福家纺展发布流行主题

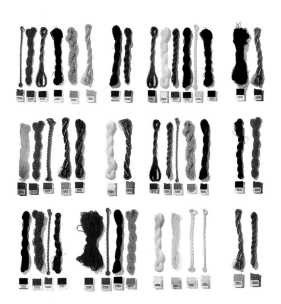

图 2-11　土耳其家纺展发布流行色

图 2-25　波西米亚设计风格

图 2-47　上海国际家纺展发布的流行趋势

图 2-48　深圳国际家纺布艺展发布的流行趋势

图 2-49　法兰克福家纺展发布的 2009 年流行趋势的六大主题

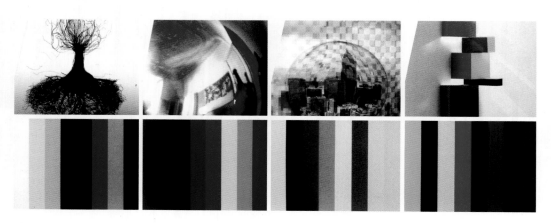

图 2-50　法兰克福家纺展发布的 2010 年流行趋势的四大主题

图 2-52　Marimekko 商店

图 2-53　Marimekko 产品

图 2-80　富安娜公司 2008 年秋发布的系列配套产品设计

图 4-1　涂鸦式图案

图 4-2　色彩与纹样的运用

图 4-21　流行色彩的搭配

很好地把握深暗的冷色，衬托出浓艳暖色，既突出暖色的张力而又不刺目。

大红色、洋红色、橙色的厚薄不同的轻纱大胆碰撞，在窗口透入的阳光抚慰下，体现出一种高贵的姿态，无论是坦然的流泻，还是含蓄的韵畅，织物与色彩交织的魅力已经成为空间的主人。

图 4-27　色彩概念板（色彩计划）

图 4-20　时尚流行元素的运用

国家职业资格培训教程
用于国家职业技能鉴定

# 高级家用纺织品设计师

纺织行业职业技能鉴定指导中心
中国家用纺织品行业协会　组织编写

中国纺织出版社

# 内 容 提 要

本教程遵循"以职业活动为导向,以职业技能为核心"的编写原则,按照助理家纺设计师、家纺设计师和高级家纺设计师的技能要求依次递进,体现了高级别涵盖低级别的要求。

《高级家用纺织品设计师》介绍了职业标准中高级家用纺织品设计师应掌握的工作技能及相关知识,涉及家纺设计的规划与指导、织物设计制作、印染图案设计制作、绣品设计制作、纺织品空间装饰设计、产品造型设计、设计师的培训与指导等内容。

本书适用于对高级家用纺织品设计师的职业资格培训,也是家用纺织品设计师职业技能鉴定国家题库命题的直接依据。

## 图书在版编目(CIP)数据

高级家用纺织品设计师/纺织行业职业技能鉴定指导中心,中国家用纺织品行业协会组织编写. —北京:中国纺织出版社,2012.5

国家职业资格培训教程. 用于国家职业技能鉴定

ISBN 978 - 7 - 5064 - 7857 - 1

Ⅰ.①高…　Ⅱ.①纺…②中…　Ⅲ.①家用织物-设计-技术培训-教材　Ⅳ.①TS106.3

中国版本图书馆 CIP 数据核字(2011)第 182677 号

---

策划编辑:孔会云　责任编辑:王军锋　责任校对:陈　红

责任设计:李　然　责任印制:何　艳

---

中国纺织出版社出版发行

地址:北京东直门南大街 6 号　邮政编码:100027

邮购电话:010—64168110　传真:010—64168231

http://www.c-textilep.com

E-mail:faxing@c-textilep.com

三河市世纪兴源印刷有限公司印刷　三河市永成装订厂装订

各地新华书店经销

2012 年 5 月第 1 版第 1 次印刷

开本:787×1092　1/16　印张:11.5　插页:2

字数:186 千字　定价:36.00 元

京东工商广字第 0372 号

---

# 前　言

　　为推动家用纺织品设计师职业培训和职业技能鉴定工作的开展,在家用纺织品设计从业人员中推行国家职业资格证书制度,纺织行业职业技能鉴定指导中心和中国家用纺织品行业协会在完成《国家职业标准——家用纺织品设计师》(以下简称《标准》)制定工作的基础上,组织行业内的专家和院校老师,编写了国家职业技能鉴定推荐的辅导用书、《标准》的配套培训教材——《国家职业资格培训教程——家用纺织品设计师》系列教程(以下简称《教程》)。

　　《教程》紧贴《标准》要求,内容上力求体现"以职业活动为向导,以职业技能为核心"的指导思想,突出职业资格培训的特色;结构上针对家用纺织品设计师职业活动的领域,按照模块化的方式分级别进行编写:共包括《家用纺织品设计师基础知识》、《助理家用纺织品设计师(国家职业资格三级)》、《家用纺织品设计师(国家职业资格二级)》、《高级家用纺织品设计师(国家职业资格一级)》四本。各级别教程的章对应于《标准》的"职业技能",节对应于《标准》的"工作内容",节中阐述的内容对应于《标准》的"能力要求"和"相关知识"。

　　《高级家用纺织品设计师》是《教程》中的一本,适用于对高级家用纺织品设计师的职业资格培训,也是家用纺织品设计师职业技能鉴定国家题库命题的直接依据。

　　本书由于编写时间仓促,不足之处在所难免,敬请读者提出宝贵意见和建议。

纺织行业职业技能鉴定指导中心

中国家用纺织品行业协会

2011 年 11 月

# 编审委员会

主　　任　王久新

副 主 任　杨兆华　孙晓音

委　　员　朱晓红　何　锋　王　易　郑立民　刘淑琴

# 编写成员

主　　编　杨东辉

执行主编　章国礽

编 著 者　姜淑媛　樊学美　陈　立　刘　达　梁丽韫　霍　康
　　　　　杨　颐　丁　敏　冯秀芪

主　　审　何　锋

# 目录

# 第一章 家纺设计的规划与指导

家用纺织品设计简称家纺设计。家纺设计的规划是家纺企业品牌战略的核心组成部分。高级家纺设计师不仅要参与家纺企业的品牌策划,还应当从创意设计的整体规划到运作参与实施和指导。同时,高级家纺设计师还要围绕家纺企业发展的长远目标做出相应的品牌发展策略规划并予以实施。

## 第一节 家纺设计创意规划

### ✿ 学习目标

通过对家纺设计创意综合知识、设计规划系统知识、创意规划表达方法的学习,将各种设计要素进行整合,确定创意主题和工作任务,制订完整的创意规划书。

### ✿ 相关知识

#### 一、设计创意综合知识

家纺设计创意是整个家纺设计的核心部分,设计创意的好坏决定了整个家纺产品设计的成功与失败。作为企业设计带头人的高级家纺设计师应在全面学习设计创意知识的基础之上,应根据企业的发展要求、企业的目标市场、目标消费群体的需求、行业发展的现状和竞争者现状,确定自身的设计创意主题和创意设计目标。从创意设计本身的要求来讲,高级家纺设计师需要对各种时尚流行元素和设计要素做出分析和研究,并按照差异化设计原则对本企业的产品设计做出风格定位。在实施设计创意规划中,设计创新能力是衡量家纺设计师素质高低的标准。因此,围绕这方面知识的学习对高级家纺设计师来讲是十分必要的。

##### (一)家纺用品设计创意的原则

家纺用品的创意的设计原则,主要强调家纺产品实用、经济、美观三方面的有机结合与有效统一,这是家纺用品创意设计中最基本的设计原则。家纺创意设计的原则表现为五方面。

(1)以人的需要为本的原则。

(2)与时代俱进的设计思想。

1

（3）与新科技共创的设计方式。

（4）与国际时尚互动的设计理念。

（5）与使用环境相适的设计意识。

有关创意设计原则方面的知识可参考《家用纺织品设计师基础知识》第二章节具体内容。

### （二）设计创意的定位

家纺用品设计创意的定位首先要明确为哪些人而设计家纺用品，同时要明确本企业设计出的家纺用品与其他企业产品相比，其特色在哪里？创意的设计定位还应包括创意设计的时间因素和空间因素，以及使用家纺用品的目的性和针对性。

家纺设计创意定位的前提是对家纺消费市场以及目标消费群体进行调研和分析。市场调研包括对竞争对象和产品特点的分析研究。高级家纺设计师要在确定目标市场和目标消费群体的基础上，根据本企业的实际情况制订出设计创意的定位。

#### 1. 设计创意的市场定位

对家纺行业来讲，确定目标市场是每一个企业经营决策的关键。目标市场的需求与变化决定了企业产品设计的方向。目标市场是企业正在和即将在其中开展产品推广和营销的那部分市场。其范围和特性相对确定，可以通过量化的数据进行定量分析，使企业对市场的认识更加精确，从而有针对性地提供满足需要的产品。通常某个企业都会有自己相对稳定的目标市场，而当新品牌和新的竞争因素加入其中之后，市场也会发生相应变化。在不断消长的动态市场之中，高级家纺设计师应十分敏感地掌握市场动态，适时地推出其创新设计，以便更有效地占领市场。

家纺目标市场可以按不同地域、不同经济、文化环境、不同消费群体来进行划分和确定，但作为高级家纺设计师，必须考虑本企业的实力与目标市场的相对应性。一个家纺企业可以以国外市场作为目标市场，也可以以国内市场作为目标市场，可以以一线的大都市作为目标市场，也可以以二三线城市作为目标市场。市场是千差万别的，家纺企业提供给市场的家纺产品也要与之紧密对应。

在进行市场定位的过程中，家纺企业不可用一刀切的方式来确定市场营销方式，而应该根据市场细分的原则对市场做出分析，研究不同市场的价值取向和类型特征，以确定各类细分市场。市场细分一般以特定的地域环境、特定的消费对象以及消费者的消费心理、消费方式和行为来确定。其根本点是以设计创意满足特定消费需求为标准。

市场定位可以采用不同的方式确定。一个企业可以根据本企业情况重点选择一个细分市场作为目标市场，集中力量打开市场销路，也可以选择多个细分市场扩大本企业的市场占有率。在产品设计与市场营销相对应的前提条件下，一个企业可以采用单一品牌覆盖各个细分市场的运作模式，也可以根据企业条件采用多个品牌，有针对性地满足某一细分市场的运作模式。

家纺产品设计的市场定位从根本上来讲，是要按不同市场的特点选择企业的目标对象，做到产品适销对路。从经营的角度来讲，企业应根据各类市场对产品档次、品质、品位、价格的需求，选择本企业的经营模式与之对应。而从家纺设计师角度来讲，是要在目标市场的消费需求方面做出选择,研究市场的需求变化,发掘潜在的消费诉求,以创新设计更好地满足和引导市场需求。

**2. 设计创意的目标消费群体定位**

高级家纺设计师要根据目标市场分析资料确定目标消费群体的基本特征和需求等,为创意设计做出指导。在进行消费群体的定位时,应从以下几方面进行论证。

(1)对消费者总体消费需求分析,确定消费群的消费特征以及时尚消费趋向。

(2)在企业经营过程中,对已经确定的消费对象的基本特征,包括消费者总体数量、年龄结构、职业、收入、受教育程度和分布情况等,了解其对家纺产品从设计角度提的意见和要求。

(3)了解现有消费者在选购家纺产品时的动机,购买频率、数量,选择的购物渠道和方式,确定其购买行为。

(4)分析消费者对各类品牌产品设计的认知度与满意度及消费者对具体产品设计的改进意见,掌握其消费心理。

(5)通过对购买行为与购买心理特征的分析,发掘出潜在的消费者和潜在消费需求。

(6)消费者对设计服务方面的特殊要求分析。

不同消费者对家纺产品的创意设计会有不同的选择。家纺产品除了质量、档次、价格等因素之外,在设计创意上会表达出不同的审美趣向,如时尚、传统、经典、前卫、豪华、简约等。家纺设计规划应根据目标消费群体的定位确定其产品设计特点和设计服务方向,体现出产品特殊价值。

**3. 竞争对手分析与产品设计创意定位**

设计市场定位重点体现在产品设计定位上。高级家纺设计师要通过对整体的设计策划将本企业的品牌形象、创意设计理念、实用审美特征等通过产品传达给消费者,使消费者得到认同并产生互动的效果。因此,产品定位是根据目标市场和目标消费群体特征而拟定的对应性产品策略。通过设计师的创意设计能够在消费者的心目中进一步明确本企业品牌个性形象,使产品拥有特定且稳定的目标消费群。任何产品在投放市场之后,都会面对同行业对手竞争问题。因而,在产品设计定位时要充分地考虑同类产品市场竞争问题,对竞争对手及其产品进行分析,以明确本企业产品设计发展的方向。

产品分析需要明确产品性能、质量、价格、材料、生产工艺、外观包装等方面与市场同类产品优劣势的比较。从竞争者分析的角度来讲,需要明确企业在竞争中的地位分析、企业目前经营状况的分析、企业在市场中的角色和企业竞争者的特点分析等。家纺设计规划应根据企业整个经营决策对产品创意设计做出市场的定位。产品设计定位可以从以下几个方面来划分。

(1)产品设计差异性定位(与市场同类产品相比,本企业的产品具有自身特色的明显差异)。

(2)围绕本企业的产品特点将各种设计要素加以整合的整体配套定位。

(3)产品在设计与生产技术、工艺特点的结合上表现自身特点的定位。

(4)根据目标消费者特殊的要求为消费者提供相应设计服务。

（5）按市场空缺的内容确定新产品的开发计划。

（6）按企业品牌定位的目标发挥其设计优势开拓市场，发掘潜在消费。

总体上讲，产品定位的目的是为了更好地服务于目标市场的消费者，而定位成功的检验标准是企业提供的产品能否给目标消费者带来特殊的价值。

**4. 设计创意的风格定位**

风格是设计的灵魂。所谓差异化设计原则，应突出地表现在某个产品设计风格的特殊性之中。当确定了目标市场与目标消费群体之后，设计师必须对消费者的时尚审美需求进行调研，找到各类群体所共同喜好的审美趋向，然后按时尚的流行风格和流行元素组合方式进行产品的创意设计，以满足不同类别消费者的需求。所谓创意设计的风格定位需要把握的知识点包括三方面的内容。

（1）流行元素与流行风格的分析和运用：设计风格的组成既包括设计材料与设计动力的组成，也体现了设计观念与设计手法的统一。设计观念和设计手法都是构成某种设计风格的要素。时尚的流行风格和流行元素既有来自社会方方面面的相关影响，又有家纺行业历史沿革的传承和更新。因此，家纺设计创新需要将时尚的与传统的元素进行有机结合，推出为今天消费者所欢迎的新风格设计。

流行具有周期性的概念，在每一个流行周期中，历史的各种传统风格会以一种新的面貌和方式登上时尚舞台，而赋予其新概念的是各种时尚理念和时尚元素。因此，一种传统风格的流行都不是原来意义的重复，而是现代各种综合因素包装下的反思和回归。分析当今家纺流行因素需要把握以下几个要点。

①消费者时尚的审美需要。

②当今各种艺术表现形式对家纺设计的影响。

③社会发展所引起的生活方式变化带来的影响。

④技术进步和工艺革新对设计的推动作用。

⑤社会思潮和各种文化影响。

（2）在设计定位中体现差异化原则：风格本身就是一种差异的表现。差异性的设计定位在企业经营战略中具有重要意义。

①可以在现有市场范围内拓展销售的空间，赢得更多消费者的欢迎。

②可以在"同质化"的市场竞争中脱颖而出，更好地占领市场。

③差异化设计可以激发消费者求新、求变的消费心理，扩大消费的需求。

（3）把握设计风格中的要素：设计风格形成的要素不只是指设计观念和设计的表现形式等要素，其中很重要的一点是设计的材料和制作技术与工艺，而材料与工艺制作在某种意义上决定了设计的风格。因此，设计风格中的要素应包括以下几个。

①设计观念。

②设计的表现形式包括图案纹样、造型要素、色彩要素、组织结构要素等。

③设计材料。

④制作技术与工艺方式。

⑤各种要素整合所产生的外观风格。

这里分析设计要素的重点是家纺材料、制作技术及制作工艺的使用与整合。在风格定位时,重点要把握选用家纺材料与确定生产技术和生产工艺,使产品能体现设计师所期望达到的最终效果。家纺产品制作技术与工艺方法会随着科技的进步而不断地提高,因此也给设计师提供了更多创造新的时代风格设计的可能性。对新材料、新技术、新工艺选择与运用的根本目的仍然是满足设计功能性和审美性的要求,所以必须强调按照风格的统一性与和谐性选择各种制作技术与制作工艺,不能滥用。

### (三)确定设计创意主题

设计创意主题定位是在确定目标市场与目标消费群体的基础上推出的具体设计方案。在确定创意设计主题之前,还要通过对时尚流行的设计风格和各种设计要素的分析研究,再最终确定整体的设计方案。家纺创意设计主题既是指导企业本季产品设计开发的总体方案,也是设计师向外界推出其设计理念的展示,因此设计主题起到了对内指导和对外展示的作用。

家纺创意设计主题一般以系列化的方式表述,如某某系列创意设计。针对不同的消费群体,企业一般会选择三至六个系列的创意设计主题,其中有经典、时尚、传统、前卫等不同的演绎方式。创意设计主题定位可以从以下四个方面展开。

#### 1. 捕捉设计灵感

创新设计思维不可能无中生有,必须要有灵感的来源。在确定设计主题时,设计师必须找到设计灵感。高级家纺设计师出于职业的特点,应对社会生活中的方方面面有十分敏感的知觉能力,能及时地捕捉到各种新鲜事物,并根据时尚流行的趋势将其融入设计概念中。

家纺设计的灵感来自于与消费者息息相关的社会生活各个方面,如流行的艺术作品和文艺表演、各种音像制品、广告设计、包装设计、服装饰品设计、家居室内设计与环境艺术、民俗的风情或异域情调以及环球旅游等方面。设计灵感有些是具体的事物,有些是一种概念性元素。在捕捉到这些灵感之后,设计师应该加以提炼,把各种概念化的东西用材料、图案、符号、色彩、肌理等视觉元素表达出来,并形成文案作为设计指导。一般应在文案的说明中指出某一主题其灵感来源于某一事物,以使人产生相关的联想。

#### 2. 突出设计创新

家纺产品的特点除了具有使用功能之外,还应突出表现在其审美功能上。因此,家纺企业每季投放市场产品必须突出一个"新"字,只有新的产品才能吸引消费者。家纺设计师在规划产品设计时也必须把创新放在首位。创新思维是家纺设计必须具备的基本条件。所谓"新"的概念是相对于目前市场上已有的家纺产品而言。在制订设计规划时,可以在一段时间内以渐进式方法进行设计创新,而另一时段采用跳跃式方式进行设计创新。如改进已有的材料、工艺,改进处理方法、色彩搭配方案,采用新的设计元素和制作工艺等渐进式的方式;更新设计观念,突破以往设计的框架,大胆采用独创性设计理念等。创新设计要把握好市场变化的节奏,过于超前和明显滞后都会使整个设计规划失败。

### 3. 突出产品特性

产品设计的特点是家纺市场上某一品牌产品区别于同类产品品牌的标志。在同类型产品销售市场上，具有鲜明个性特点的产品最能吸引消费者眼光，进而使其产生消费欲望。当消费者记住了该产品特点时，也记住了相关的品牌。

产品设计一方面可以表现在整体设计与众不同，具有鲜明的个性；另一方面也可以表现在某一设计要素的运用上体现出独特性方面。作为整体设计规划，必须找到自身产品与同类产品比较中的特殊性，并将其特殊性突出地传达给消费者，让人产生深刻的印象。在一个企业中，产品设计规划与产品的宣传推广策划往往是同步进行的。设计师需要与产品推广者共同研究设计与推广的方案，将产品设计的特点快速推介给消费者。因此，在制订设计规划文案时要对设计的独特性加以详细的表述，便于宣传推广。如富安娜床上用品公司以"艺术家纺"作为推介口号，雅芳婷床上用品公司以"健康睡眠"为推介口号。

### 4. 发挥团队集体智慧

进行设计创意的规划要强调科学性。创意规划的最终形成是一个循序渐进不断深化和完善的过程。从创意规划方案的提出到创意规划的确定以及具体的体现方案内容，都需要高级家纺设计师与创意设计人员共同研究和讨论来完成。

强调创意规划的科学性就是要发挥设计团队的集体智慧。因为创意规划不同于设计师个人独立的创作，规划必须体现一个企业和一个设计团体整体的创意理念。创意规划要程序化、系统化和目标化。在实施创意规划时，单个的设计师可以发挥个人的创作特点和个性，但是这种个性和特点不能偏离了规划的总目标。高级家纺设计师在组织讨论与实施创意规划时，必须充分地发挥每个设计人员的创意思维，而又要引导设计人员认识到创意的总体方向和目标，确保创意规划的客观可行性。

## 二、设计创意规划系统知识

家纺产品总体设计创意规划是在完成设计创意市场定位，设计创意风格定位以及设计主题定位的基础之上对产品设计和实施做出的整体规划。它要根据本企业的生产目标、营销目标、营销策略与营销方式来制订。设计创意规划可以体现高级家纺设计师综合素质和综合能力。

设计规划分为设计规划制订与规划的实施两部分。

### (一)设计创意规划的制订

设计规划制订按以下程序与步骤进行。

(1)收集资料与寻找信息。收集资料和信息的目的是为了能指导设计创新，资料与信息的收集是多角度、多方位、多层面的。如最新的科技成果、最新的纺织材料、最新的流行信息等。

(2)进行市场调查和市场分析。对分析的结果写出基本的调查报告，确定设计创意所针对的目标市场和目标消费者，并确定其基本的消费需求趋向，为设计创意规划提出方向性指导意见。

（3）对宏观的流行趋势和目标市场、目标消费者时尚审美趣向进行分析和预测,提炼影响当前消费市场的主流风格,并对各种风格从设计概念到要素组合进行分析,确定流行趋势预测方案,用以指导设计规划的制订。

（4）对本企业的生产、经营目标和品牌发展战略进行分析,按本企业的实际情况确定本季产品开发的系列创意主题,写出主题分析文案,分别拟定创意主题的设计计划。

（5）围绕设计创意主题的要求选择相关的设计素材,列出相关素材作为设计的参考并确定设计创意制作的工艺方法和材料运用。

（6）写出设计创意规划的总体方案。

（7）提交决策部门论证,征询市场反馈意见。

产品设计创意总体规划是一项复杂的系统工程,高级家纺设计师需要有全面的规划基础知识,要结合实际情况灵活运用,同时要能综合掌握和进行实际操作指导。在进行设计规划中,高级家纺设计师要特别把握的重点为:产品设计创意的主题必须鲜明,有明显的市场针对性;所确定的各系列产品要有突出的风格特征,能体现某种家纺文化的内涵;产品设计创意要有本企业的个性特色,以差异化设计原则对应市场同类产品的竞争对手;注重各种设计要素的选择和组合搭配,突出本品牌的整体配套特点,给消费者以强烈的印象和认同感。

制订产品设计创意规划必须以创新思维为指导思想,借鉴和了解流行设计,不能生搬硬套,应该在融汇、吸收的基础上举一反三,创造有自身特色的家纺设计。

**（二）设计创意规划的实施**

设计创意规划的实施是在设计规划已经确定后实施的方法与步骤,也就是如何具体执行设计规划。设计规划的执行按以下步骤进行。

**1. 确定设计者与设计团队组成**

每个企业都有相应的设计部门和设计人员,他们的职责是完成本企业的产品设计开发任务。如果是一个整体配套的家纺设计创意规划,除本企业设计师以外还必须与相关的协作单位共同确定整体创意设计的任务。因此,设计团队的参加者也不一定只限于本企业设计人员。

**2. 明确设计创意方向和任务**

参与设计的人员可以是独立地完成某一创意主题设计任务,也可以是相互配合完成某项设计任务。因此,在设计规划实施时,明确个人和集体所要完成的具体任务和设计方向。

**3. 设计指导工作**

在明确个体设计任务时,高级家纺设计师必须就设计规划执行的要点进行具体指导。指导的方法可以是以研讨会方式进行,也可以是单独具体的指导。高级家纺设计师要能够明确整体的设计理念和创意主题具体的演绎方法,完成下达的设计任务。

**4. 设计中的检查与辅导**

在设计过程中,高级家纺设计师要随时对设计创意执行及设计情况进行检查。在重点与难点问题上进行单独的辅导,确保设计创意按规划要求执行。

### 5. 与相关协作单位与生产制作部门的协调与沟通

高级家纺设计师要做好设计创意计划与生产制作之间的沟通工作,做到在设计符合生产要求的同时对创意要求实施指导。

### 6. 创意设计效果的评估

在实施创意规划过程中,要对每一段的实施效果进行评估:首先,要对设计创意的表达和结果是否符合总体设计目标做出评估;其次,要对整个设计团队的设计表达和实际效果进行评估;最后,要对进行修改与完善的创意设计做出评估。评估的总原则是整个规划是否符合企业和市场的实际,是否具有创意性和产品特点在市场上有没有竞争,能否受到消费者欢迎以及体现本企业产品品牌的价值等。

### 三、设计创意规划的文案写作

设计创意规划文案的写作体现了高级家纺设计师综合分析能力和组织能力以及文字表达能力。设计创意规划应起到对整个创意设计实施指导的作用。文案写作应围绕设计创意的目标、调研结果分析、目标市场定位、设计风格定位、设计主题定位、实施设计方案的方法步骤等内容展开。文案写作要求以实用文体的方式写作,条理要清晰,概念要明确。文案写作要求把握以下几个要点。

(1)围绕规划内容拟定相应的提纲,把握好总纲与各部分的关系,也就是把握纲与目的关系,按纲与目的要求组织好各种材料,并进行分析、论证。材料与分析结果都应该建立在实事求是、准确、可靠的基础之上。

(2)整个文案的写作要求内在的逻辑性强,有说服力,针对性强,根据实际情况具有可操作性。

(3)文字表达要简洁、扼要,重点和要点要明确、突出,让人一目了然。

(4)文案所提出的概念和观点一定要言之有据,不能含混不清,模棱两可,让人琢磨不定。文案尽量避免使用不确定的形容词和虚词。

## ✳ 家纺设计创意规划流程

### 一、创意设计的目标定位

根据企业自身状况、目标市场和目标消费者时尚审美诉求做出目标市场定位、目标消费群体定位、产品设计定位设计风格定位。

### 二、确定设计创意主题

依据设计创意整体方案的意念确定产品设计创意的主题,对设计创意的各个主题分别做出文字说明。

### 三、分析设计创意的各种要素并进行整合

对构成设计创意的各种要素进行分析,对要素整合所表达的设计思想做出文字说明。

## 四、制订一整套可以实施的设计创意规划书

按照设计创意规划文案写作要求编写创意规划文案。

## 五、确定设计创意工作任务

按照创意设计规划的具体要求,将设计任务分解实施。

**思考题:**

1. 谈谈你对家纺设计创新的认识和理解。
2. 在实际工作中,你是如何对创意设计进行定位的?
3. 举例说明设计要素的运用和设计风格的关系。
4. 如何确定产品设计主题,请举例说明。
5. 试根据企业实际情况,模拟制订产品设计的规划。

# 第二节　产品品牌设计发展规划

## ✳ 学习目标

通过对家纺品牌总体规划与产品品牌发展规划制订的原则与实施办法的学习,针对企业现状和发展远景制订企业品牌规划和产品品牌发展规划。

## ✳ 相关知识

### 一、家纺品牌定位的总体规划

家纺品牌总体规划包括品牌个性的分析、品牌发展远景的研讨、品牌的基本定位、品牌价值提炼与品牌架构的组建。本节重点讨论品牌个性、品牌发展远景、品牌定位以及品牌架构组建的规划。

#### (一) 家纺品牌个性和形象的规划

对每一家纺品牌做出规划,首先要分析该品牌的个性特点。品牌的个性直接与目标消费者相联系,它反映了某一品牌的内在品质和独特形象。个性化的品牌形象要求家纺设计师在对目标消费者群体进行深入调查研究的基本上归纳出其带共性的特点加以分析和表达。如某一家纺产品定位于80后的大城市消费者,那么就要对这些80后消费者群体的欲望和喜好做出分析。这些喜好的共性特点表现为开放、自我实现,对电视、电脑、网络游戏、手机、动漫的兴趣与关注等共性特点。在消费需求上,他们张扬个性和追逐时尚,表现出不拘一格的特点。在设计规划此类家纺品牌时,要提炼出这些共同的要素来表现品牌个性。

在进行品牌形象规划设计时,要围绕个性特点进行创意思维,要从外在形象和内在形象两

方面把握目标消费者。品牌个性化的形象策划要注重从文化层面丰富某一产品的内涵,可以用带有故事情节的内容概括品牌形象;要注重与消费者在感情方面产生互动和交流,体现出时尚消费的心理诉求。一个有特点的品牌犹如一首优美动人的经典歌曲,让人过耳不忘,百听不厌,表现出不可替代的生命力和感召力,从而会拥有大量的追随者。

### (二)家纺品牌发展的规划

品牌的发展的规划是某一品牌所承载的使命和发展方向以及品牌文化内涵的综合体现。在进行家纺品牌规划的过程中,品牌发展远景的规划意义十分重要,它会给企业内的投资人和员工以信心和鼓舞,会给市场带来期盼。

品牌使命是一个相对长时间内的概念,它不是一种短期行为,是围绕品牌运作中各种利益关系的综合。因此,在进行某品牌发展远景分析时,一定要对各相关个体的价值取向做出综合判断和考虑,求得共赢的一种发展模式。

品牌发展方向是品牌规划的主要内容,它为今后一个长时间的发展定出明确方向,使得品牌有近期、中期和远期的奋斗目标,保持一个品牌的活力。品牌发展的目标与其企业本身的实力发展水平是相辅相成的关系。在制订品牌发展方向时,要兼顾企业的技术条件、生产加工能力、市场销售渠道和目前市场的占有率。

品牌发展规划应该具有长远目标和阶段性的目标,这些目标可以按完成的时间概念来进行分解,同时也要在企业内部各部门之间进行分解,要确定监督执行者及其职责。

### (三)品牌定位的规划

品牌定位是一个比较笼统的概念,涉及的范围十分广泛。家纺品牌规划定位的主要内容以品牌产品为重点进行。家纺品牌产品定位的根本目的就是塑造品牌个性,让消费者对该品牌接受和认同并受到青睐。

品牌定位的规划首先要明确品牌的定义。在做规划时,要说明某一品牌是服务于某类消费者的品牌,要用形象化的语言描述产品品牌的特点、档次和品位。特别是,该品牌在市场竞争中最突出的亮点和卖点要明确地提炼出来。

家纺产品的品牌定位规划可以从产品所表现出的主体特征来进行区分。

#### 1. 按功能性进行产品品牌定位

家纺产品不同类别的设计包含着消费者对功能性多样化的追求和取舍。如强调产品的象征功能、产品的艺术功能、产品的保健功能、产品的环保功能等。一个品牌定位往往会突出体现其中某一个或几个功能性。

#### 2. 按产品服务方式进行品牌定位

家纺产品由于其特殊性分为半成品、最终成品或服务性产品。这些产品以不同方式服务于消费者。比如:为经销商或顾客提供一个理想的购物环境;提供某种生活方式的体验等。某一品牌会围绕一种或几种服务方式做出定位。

#### 3. 以产品外观风格进行品牌定位

在流行的家纺产品设计中往往以某一特定风格来命名该品牌产品,如欧式经典、中式风格、南亚风情、北欧风情、低调奢华、罗曼蒂克、波西米亚……这些都是最常见而且普遍采用的定位方法。

**4. 以家纺设计中工艺和技术运用进行品牌定位**

家纺产品在综合运用各种材料、工艺和加工技术方面显现出多姿多彩的产品特色,形成其主要卖点。如烂花产品、剪花产品、植绒产品、多层布提花产品、多种工艺综合运用产品……很多产品品牌是以一种或几种突出的工艺技术特点作为产品品牌定位的。

**5. 以消费者情感诉求进行产品品牌定位**

家纺产品在审美功能方面具有不断满足消费者内心情感诉求的特殊价值。高级家纺设计师通过设计信息传达手段可与消费者进行情感的交流与互动。这种互动体现在品牌定位中一些广告词的表达形式上,如"给您一个温馨的家"、"为您营造悠闲的生活空间"、"让您体验王者风范"、"爱您一'被'子"、"享受健康的睡眠"等。

按照家纺品牌的主体特征来进行品牌定位,还可以举出更多的方法和实例。关键点在于,高级家纺设计师要分析本企业的实际情况和市场的实际情况,做出准确的判断和规划。

**(四)品牌核心价值提炼和品牌架构组建规划**

在进行品牌规划的过程中,还应该对品牌本身的价值进行提炼,然后对企业与产品之间的架构关系做出规划。

品牌核心价值提炼的方法是在企业、竞争者与消费者三者的分析之中找出能够体现某品牌核心价值的关键点。概括地讲,这些关键点所指的是产品本身所具有的价值、消费者体验的产品价值以及特殊的附加值。明确某一品牌的核心价值的目的,是为了提高本企业产品的竞争力和市场占有率。

企业与品牌之间的架构有多种形态,大致可分为,一个企业生产某种单一品牌,或者一个企业同时推出多种品牌;一个企业的企业品牌与产品品牌密切相关,或者企业品牌与产品品牌各自独立等。确定架构同样要讲究策略和依据企业实际情况来做出规划。

**二、产品品牌发展规划**

在确定企业品牌战略总体规划之后,高级家纺设计师还要做出相应的品牌发展策略规划并予以实施。

**(一)同一产品品牌延伸规划**

家纺产品品牌的规划是一个循序渐进的工作。一个企业在产品品牌运作中,要根据市场的变化与本企业的发展需要推出产品品牌延伸规划,使企业的品牌产品快速成长。

产品品牌的延伸是企业在原有品牌成功地运营基础上凭借其已经具有的市场影响力将品牌产品加以不断延伸,使得企业的产品竞争力和市场占有率快速提升。产品延伸的策略规划可以以两种方式进行。

(1)加快新产品开发的速度,不断地研制新型产品来引导市场的消费,使企业品牌形象更丰富和壮大。采用这种方法风险小、回报率高,是一般企业普遍采用的方法。

（2）在原有产品品牌的基础上，根据市场上潜在消费者的新需求，不断推出新的系列产品，使产品品牌的市场覆盖力不断扩展。这种方法相对的投入力度会加大，也有一定风险，但其回报率更大。它可以拓展目标市场和目标消费者范围，加大产品品牌的影响力。在实际运作中，很多家纺企业会按此种方法规划品牌发展的策略，其中有成功者，也有不成功者。不成功的原因在于新系列家纺产品推出有一些盲目性，与原有产品品牌的目标消费群体基本特征相背离，造成了品牌形象的模糊。企业做发展规划时应注意这些问题。

总体来讲，企业进行产品品牌延伸的规划要有利于新产品迅速提升形象，扩大市场份额，同时也要做到降低新产品推广成本，提高效益。

好的策略规划会给企业的品牌产品不断加大市场覆盖力，给消费者以更多的选择机会，也有利于企业形成规模经营的强大优势。

在制订产品品牌延伸规划时，高级家纺设计师要重点研究本企业的品牌实力，量力而行，切不可背离原有品牌的基本特点而盲目扩展；对原产品品牌的核心价值和品牌定位要做出准确评价，根据其基本要点来拓展新产品和系列产品；从长远的发展规划来看，要将拓展和延伸新产品的计划纳入品牌战略总体规划之中，使之与企业发展战略同步。

**（二）多元化产品品牌发展规划**

具有一定实力的家纺企业在不断变化的市场环境中，为了避免单一产品品牌给企业带来的风险，一般会根据目标市场和目标消费群的不同要求，选择三四个产品品牌来进行品牌运作。其中每一个产品品牌的目标市场和目标消费者都应有明确的定位，以避免市场竞争中因产品品牌单一化而造成的风险，从总体上保证企业的经济收益。

进行多元化产品品牌规划一定要考虑企业的实力，做到"有所为，有所不为"。不能盲目扩张。多元化品牌运作所凭借的是企业品牌的影响力，因此，在规划中要对企业品牌做出客观、正确的评估。

多元化产品品牌规划首先要明确企业的使命、进行多元化产品品牌运作的目标要与企业相关的产业链中每一环节的利益相协调，要具有整体驾驭发展规划的能力。

在多元化产品品牌规划中要找出各品牌之间的相关因素，要使同一企业的不同产品品牌在消费者心目中有一种共同的价值认同。也就是说，在多元化产品品牌中，要体现各产品品牌所共有的核心价值。

在多元化产品品牌规划中还要对企业内外部产业链的每个环节做出分析、评估，要围绕规划中实施要求整合资源，建立相适应的管理系统。

**（三）产品品牌重组规划**

在品牌运作的过程中，家纺企业所面对的内、外部环境因素会不断地变化，针对变化情况，企业要随时做出调整。产品品牌重组就是对原有产品品牌的运营情况做出全面分析和评估，保留优势，淘汰劣势，整合资源，发展优势产品品牌。

进行产品品牌重组规划，要对现有产品品牌进行全面的分析和梳理。对每一产品品牌的效益情况做出评价，重新提炼产品品牌的核心价值。在具体的规划中，对原有品牌的架构做出调整,重新定义品牌形象,调整管理的机构。

在品牌发展的每一个阶段,企业的决策者都应该审时度势,分析品牌运营的总体状况,及时地做出调整规划。

**(四)产品品牌国际化发展规划**

家纺产品品牌从地区品牌到国内著名品牌走向国际化品牌是国内家纺企业必然的发展趋势。在全球经济不断走向一体化的过程中,中国家纺企业只有积极参与国际竞争才能造就中国的强势家纺产品品牌。

中国家纺产品品牌向国际化的方向发展需要创造条件,围绕国际化的运作方式规划产品品牌发展方向。首先,要对国际市场进行调查研究,在全面分析国际家纺市场情况下重点地选择目标市场和消费对象。对高级家纺设计师而言,首先要了解国际家纺流行趋势,然后对国际家纺市场做出细分,确定发展方向。由于世界各地民俗和文化背景不同,政治、经济环境的差异,在市场调研中要分析这些差异性,进行有针对性的产品设计定位。从决策角度分析,要提炼出本产品品牌的国际化价值取向;要根据国际化产品品牌的要求,设计和制订一整套产品品牌的识别系统。

参与国际贸易要了解国际贸易的规则。作为家纺产品品牌,在国际贸易中更看重的是其国际化的产品品牌管理模式和管理系统,注重产品品质和各项指标的要求。

中国的家纺企业打造国际化品牌会有一定的风险。因此,在实际的规划中,高级家纺设计师要更多地学习和掌握对外贸易的营销规划,尽量避免各种风险损失。

**(五)产品品牌规划的策略**

家纺企业按其规模的大小和实力强弱状况可以在发展规划中制订相应的产品品牌策略。产品品牌策略分为领导型、挑战型、跟随型和补缺型等类别。领导型的产品品牌规划侧重于扩大市场份额和扩大市场的总体需求;在品牌形象上给消费者以高品质的印象。挑战型的产品品牌以后必然与市场同类产品品牌竞争中求得自身的市场空间与份额。跟随型的产品品牌是在实力相对弱势的情况下借势发展自己品牌,通过跟随发展以后逐步拉开距离,形成自主的核心优势。一般小型、单一的家纺企业可以用专业化的营销方式规划其产品品牌策略,占领空缺的市场空间。

制订产品品牌规划的策略应具有一定的灵活性与机动性。因为市场与企业都存在很多可变因素。领导型产品品牌在其主导品牌下面也可以进行专业化的分工,进行品牌延伸,对市场实行补缺;跟随型产品品牌在创新研发工作不断升级之后,也可以成为领导型的产品品牌;挑战型的产品品牌在实际市场运作中,也不一定要通过市场竞争求得发展,也可以在市场不断细分和对潜在市场的研究中找到新的突破口。总体来讲,产品品牌策略从根本上还是应该在市场不断细化过程中,坚持更加专业化的方向才是制胜之道。

**三、发展规划的实施**

家纺产品品牌发展规划是围绕家纺企业总体战略目标制订的。因此,在实际执行中也要从企业的全局上把握实施方法与步骤,具体按以下几个步骤来实施。

**（一）明确产品品牌发展目标**

在实施规划时要确定产品品牌的标准,明确产品品牌核心价值的取向,在发展进行中要解决的实际问题,最终定出合理的发展目标。

**（二）围绕主品牌展开品牌联想**

在实施规划时先确定主品牌的品牌核心价值,围绕产品品牌延伸展开品牌联想,使多元产品品牌体现共有的核心价值。

**（三）确定品牌产品的相关性**

在实施规划的过程中,要对同一企业品牌所生产的不同类别和不同系列产品做综合分析,确定其在产品档次、技术成分、产品特色、消费对象上的相互关联性,形成企业规模化的经营方式。

**（四）明确产品品牌线**

在实施规划的过程中要对品牌产品的品牌线进行梳理。品牌线与产品线有相同,也有不同,品牌线更多地表现为对品牌核心价值的诠释和演绎,它通过自我更新的方式指导产品发展的方向。

**（五）对品牌命名定性**

在实施规划中要对不同产品品牌的命名做出定性。一个企业的主品牌和延伸产品品牌是密切相关联的,因此在命名上要体现出主品牌的特定性。

**（六）发展规划的配套执行**

实施发展规划是一个系统工程,它包括了产品研发、技术创新、营销策略、产品推广、销售服务、品牌管理等诸多方面的协同一致。因此在实施规划时要将这些方面进行配套。

## ✽ 发展规划工作流程

**一、围绕企业发展的长远目标制订品牌总体规划**

（1）确定家纺品牌的个性特征和基本形象。

（2）对家纺品牌的发展愿景做出规划。

（3）对家纺品牌做出全面定位。

（4）提炼品牌核心价值并确定品牌架构。

**二、围绕品牌总体规划制订产品品牌发展规划**

产品品牌发展规划按以下步骤进行。

（1）同一产品品牌延伸规划。

（2）多元化品牌发展规划。

（3）产品品牌重组规划。

(4)产品品牌国际化发展规划。

(5)制订产品品牌策略。

## 三、发展规划实施

(1)确定发展目标。

(2)进行品牌联想。

(3)确定产品的相关性。

(4)明确产品的品牌线。

(5)命名的定性。

(6)配套执行。

## 思考题：

1.根据某企业的实际情况做出品牌总体规划方案。

2.对品牌的定位规划从哪些方面进行？请举例说明。

3.产品品牌的延伸要注意避免出现的问题有哪些？

4.根据某企业实际情况制订产品品牌策略，请举例说明。

5.如何提炼产品品牌核心价值？请举例说明。

# 第二章 家纺设计与制作

本章根据高级家纺设计师职业功能的特殊性,将织物设计制作、印染图案设计制作与绣品设计制作三部分内容合并,统称为家纺设计与制作。

在《国家职业标准:家用纺织品设计师》中,对以上三个模块的高级家纺设计师的职业能力和所应掌握的知识点做出了共性的规定。为了对应国家职业标准,不重复相同内容与知识点,故此将原本属于三个章节的相关内容并为第二章第一节"编制设计、开发方案",并对三个模块提出了共同的考核要求。在第二章第二节共性内容之后对于织物设计、印染图案设计与绣品设计各不相同的"实施产品设计开发计划"的职业能力要求则分别进行编排,做到有合有分,互相兼顾。第二节对三个模块提出了分别的考核要求。

高级家纺设计师的织物设计与制作功能是在涵盖助理家纺设计师和家纺设计师职业功能基础之上进一步提升。高级家纺设计师除了掌握全面的织物设计与制作知识之外,还应掌握家纺流行趋势的研究和预测、设计风格理论、家居文化研究、家纺品牌建设和产品综合定位的知识。高级家纺设计师在分析,把握国内外流行趋势的基础之上,对企业品牌产品设计开发做出全方位定位,并能指导实施品牌产品开发设计方案。

## 第一节 编制设计、开发方案

### ✿ 学习目标

通过家纺流行趋势研究、设计风格理论、家居文化理论等知识的学习,掌握围绕企业品牌建设目标编制设计开发整体方案的方法。

### ✿ 相关知识

#### 一、家纺流行趋势研究和预测

##### (一)家纺流行的概念和研究方向

流行是一种社会现象,它反映了社会变革给人们生活方式、思想观念、价值观念、审美趋向带来的种种变化。从字面上讲,流行是一个时间与空间流动的概念,它表明在一定的时间和一定的空间范围内所产生的变化过程,这种变化过程是与整个社会的政治、经济、文化、意识形态和科技发展互相联系的。而时尚从字面解释为:在特定的时间内人们受潮流影响形成的社会风尚,它表现出社会公众普遍追随的某种生活方式和价值取向。当我们将流行和时尚结合在一起来表述时,它所包含的意义为:在一定时间和空间范围内,人们普遍形成的风尚爱好和对新鲜事物和新的生活方式的追求。流行时尚覆盖的社会面十分广泛,一切与人们物质生活和精神生活相关联的各行各业,各个领域都离不开流行时尚的影响。特别是当前新兴的文化产业和建筑、室内装饰、环艺、服装、家纺、广告传媒、生活用品等都走在流行时尚的前沿,给社会带来日新月异的变化。因此,对流行时尚的探讨与研究也成为一项专门的课题。近十多年来,围绕家纺行业流行时尚的研讨受到业内外人士普遍关注。

按照家纺行业的特性来讲,它与服装,室内装饰、环境艺术一样都属于时尚产业。家纺行业具有时尚产业的一般属性,即家纺产品具有典型的流行性和时尚性。家纺流行时尚所反映的是消费者对家居生活的时尚要求,它以家居软装饰的面貌出现,按软装饰的特点演绎时尚潮流。国内家纺流行时尚的研究工作起步时间并不长,相对于其他成熟的行业而言,还处于发展阶段。但是近几年以来,对家纺流行趋势和家纺流行时尚的研究工作取得了明显的进步与提高,开始与国际流行趋势研究工作接轨。

对于不同的行业来讲,流行时尚具有普遍的规律性和相互之间的连带和影响,但是也应该看到其差异性和各自发展的规律。对家纺流行时尚的研究,重点是要研究家纺产品流行的起因与变化;家纺流行的特点和规律;研究各种家纺产品构成要素的流行与变化;研究市场环境与需求的变化和消费者时尚生活方式的理念与诉求。因此,必须强调流行趋势研究工作对行业发展的有效指导作用。

**(二)家纺流行的原因和重要因素**

**1. 影响流行的共性原因**

流行是商品社会所具有的基本属性,其产生和发展的共性原因有如下几个方面。

(1)社会因素:社会的变革使流行产生和变化,其中包括政治因素、经济因素、文化传播因素、思想观念转变因素和科技进步因素等。

(2)市场因素:市场的宏观和微观环境变化使流行产生和变化,其中包括市场范围变化、市场竞争的影响、市场分化和营销方式的变化。

(3)消费者心理变化使流行产生和变化,其中包括人们的消费观念和消费心理、人对物质生活的求新求异、消费环境和消费方式变化等。

**2. 影响家纺流行的重要因素**

家纺企业作为"时尚产业",其流行规律在总体上是依照上述基本原因演变的。但在研究家纺流行时尚时,要在基本原因之中找出其特殊性和自身变化的因素。以下从四个方面重点分析影响家纺流行时尚的因素。

(1)文化传统因素与人文因素:家纺流行时尚研究的重点因素之一是对人们家居文化的研究。家居文化所反映的是不同地域、不同历史时期内人们的生活方式和生活理念,这种方式和理念是与民族文化传统与人文精神联系在一起的。在古今中外建筑和室内装饰发展的过程中，曾经产生出很多经典的装饰风格和艺术装饰流派，它们代表了不同时代的文化精髓与人文风貌。直到今天，我们在家纺流行时尚中会经常将历史上的这些经典进行提炼和加以演绎而形成时尚的潮流。如欧洲历史上流行的雅典式、古罗马式、拜占庭式、哥特式、巴洛克式、洛可可式、维多利亚式及新艺术运动式等装饰风格（图2-1），在今天的时尚手册中会重复出现；中国的园林风格、庭院式建筑和装饰及带有宗教意味的禅式风格；亚洲地区的泰国式、日本式、东南亚式风格以及各种乡村田园风格等都会成为潮流的新宠。

图2-1　欧洲经典纹样举例

历史上经典风格在时尚潮流中重复出现的现象，表明了家居和家纺流行时尚在传承历史文化和人文精神上的重要性。在经济高速发展和科技不断进步的今天，人们的生活方式已经和远古时代发生了本质的变化，但是，现代人在享受高度物质文明成果时，更需要一种文化和人文精神上的补充与平衡。在面对环境问题、生态问题、能源问题的危机当中，人们又会唤起一种回归和返璞归真的情感，产生一种对牧歌式生活的向往。这就是时尚潮流中形成不断地回复传统的内在原因。

在研究家纺流行原因和演变过程中，要把握的是人性和人对生活本质的追求。从根本上找到了这种需求，就能够很客观地分析不同时期流行及演变的规律。

（2）经济发展与科技进步因素：经济发展与科技进步是家纺流行发生、发展及变化的重要因素。中国家纺行业近十年来的快速发展其直接的驱动原因是中国房地产业的高速发展。房地产业发展是中国经济快速增长的体现。随着我国经济增长,住房条件的不断完善,人们生活方式发生了本质的改变。城市生活不断地改变人们的生活习惯和家居时尚,对家纺流行产生了积极的影响。在大中城市,由于消费者多元化的需求和市场竞争的推动,众多房地产商相继推出不同规格和风格各异的楼盘来引导消费者,因而使楼市空前的活跃,家纺流行在这种大环境下也出现明显的变化。很多楼盘的卖点如至尊豪宅、王者风范、园林风格、花园小区、绿色环境……都是从各个层面迎合了人们时尚的生活诉求,而家纺流行也因此显得丰富多彩。特别值得我们认真分析的是每个楼盘推出的样板房系列的设计。这些设计是根据不同户型,不同经济条件和风格追求精心打造的,它表现出了时尚的流行趋势。在这些样板房中,家纺产品扮演了重要角色。样板房对于家纺流行时尚来说,既是体现潮流变化的看台,又是引领时尚的风向标。(图2-2)

图2-2 不同家纺风格的样板房

驱动家纺流行发生、发展及变化的另一因素是科技进步的因素。家纺行业科技进步体现在两个方面,一是家纺新材料和新的加工技术的推广与运用;二是纺织信息化系统(CAD/CAM)技术的广泛运用。

家纺流行趋势在很大程度上是靠科技进步来推动的。从新型原材料利用方面来看,近年来开发的各种新型原材料,如大豆纤维、天然色泽纤维、竹纤维、甲壳素纤维,玉米纤维等材料推广与运用,使得时尚、环保的消费潮流不断发展。纤维的开发还包括改性纤维的利用和各种纤维的组合运用,使得家纺材料不仅功能上得到提高,外观上也更体现出多元化的时尚美感。随着科技进步,在时尚面料设计的领域也表现出多姿多彩的潮流趋向。

①在纱线加工技术方面,各种花式纱和风格各异的特种纱层出不穷。如圈圈线、竹节纱、金银纱、包芯纱、雪尼尔纱等被广泛运用于家纺面料上,形成多元化的流行面料效果。

②在面料加工和工艺创新方面,也不断形成新的面料风格与新的特色。如各种条格组织、蜂巢组织、透孔、纱罗、重组织、双层组织、凹凸组织等,各种材料和组织的配合利用更形成各种不同的风格特色。

③科技进步推动时尚潮流发展,还表现在印染加工技术和各种风格的绣花技术的开发利用方面,印染后整理技术以及功能性面料整理技术等方面。

④家纺 CAD/CAM 技术被广泛推广和利用也使家纺时尚潮流产生了前所未有的质的变化。以数码技术为特征的各种新型设计改变了人们的传统审美观,形成了有时代特色的新潮设计艺术和家纺产品加工技术。(图2-3)

图2-3　法兰克福展览会产品展示

(3)市场变化与市场竞争因素:家纺市场变化因素和市场竞争因素给家纺流行趋势发展变化带来直接的影响。在宏观市场环境相对稳定的条件下,家纺市场变化突出表现在营销方式与营销理念的变化上。传统意义上的营销方式是:从厂家到批发商、零售商再到顾客的营销方式;

而时尚的营销方式是生产、销售环节有机结合,整体地形成产业链,有效服务于消费者的方式。传统的营销理念是从产品到商品再到消费品的销售行为;而时尚的营销理念更为注重体验式、引导式和设计服务式的营销行为。由于这种市场营销方式和理念的变化带来了家纺消费潮流的根本变化。时尚的家纺消费不是单纯地购买一件家纺产品,而是通过市场消费体验到一种新概念的生活方式和一种时尚的设计服务。时尚的市场营销要求在营销过程中从家纺产品的整合设计到销售环境设计与销售中的设计服务等方面注重时尚元素的综合运用和营造一个整体的生活环境与时尚家居的氛围。体验式的消费观念本身是时尚的产物,同时它又不断地影响着家纺潮流的变化。

在市场营销活动中,市场竞争因素是推动潮流变化的强大动力。面对市场竞争环境,家纺企业需要不断地加大新产品开发的力度以便有效地占领市场。对引导型企业来讲,新产品开发的目的是通过引导消费潮流而赢得商机,对挑战型企业而言,通过新产品开发可以追赶潮流,脱颖而出;而跟随型的企业则是在产品开发中能够跟上潮流,维护本企业的市场份额。一年一度的家纺博览会是各类型企业新产品向社会公开亮相的平台,它同时也是国际和国内流行趋势发布的平台。通过这个平台,我们可以深刻体验到各企业新产品开发和整个家纺行业流行趋势的紧密联系。可以说,新产品开发既是对时尚潮流趋势的演绎又是对时尚流行趋势的诠释。家纺企业的新产品开发活动具有时间性(季节性)、地域性、针对性和多样性的特点,它是紧跟市场变化而开展的一项工作,市场竞争使得家纺市场朝向更加细分的方向发展,其特点将表现为更加专业化,同时也更加多元化,更加注重市场的功能性和服务性。这一切对家纺潮流变化的影响都是很深远的。

(4)消费观念与生活方式因素:从市场营销学角度来分析消费者和消费行为,可以找到多种的影响因素。家纺行业消费者的消费行为分析主要集中表现为消费者的消费观念和对某种生活方式的选择两个主要方面上。而这两方面又直接制约了家纺时尚潮流的发展方向。

消费者对家纺产品的消费所持有的观念分为不同的层次和不同诉求,消费者所具有的消费观念与其文化素养、经济地位、社会角色和生活方式密切相关。消费观念一般表现为保守型和前卫型、怀旧型与时髦型、低调型与张扬型、简约型与奢华型等对立统一的各种类型。我们可以看到,在各种家纺流行趋势发布的流行趋势,都基本涵盖了这些类别的流行趋势。在这些类别中,不存在谁流行谁不流行的问题,而是每个类别向着哪一方向发展的问题。其原因在于各种消费者有不同的消费观念,因而使流行趋势呈现出多样化的特色。消费观念更多地表现为消费者的性格、生活态度和价值取向,而生活方式是消费者外在的行为表现,是根据经济条件、生活条件而对时尚追求做出的选择。选择何种生活方式取决于消费者的经济条件与消费行为和消费方式。在各种各样的家居和家纺流行趋势发布中,都会列举出风格各异的主题,每种家居装饰风格的背后都透出消费者对一种生活方式的追求。现代社会的人在不断地改变着自身的生活方式,因而使得各种装饰风格的演绎和变化也呈现出异彩纷呈的现象。中外历史上有很多的经典风格都会一度成为时尚的新宠,但是完全照搬历史并不符合今天人对生活方式的要求,所以经典风格也会在流行过程中渗入时尚元素而变化,形成新的风格或改良的风格。(图2-4)

图 2-4    土耳其家纺展流行趋势发布

**（三）家纺流行的特点和规律**

流行是一种社会现象，所有的流行都会按照自然的规律和社会发展规律进行演变。家纺行业的流行与其他各种流行一样，也会遵循一般规律进行变化。但是每一种流行又有其特点和自身规律，家纺流行也不例外。我们在研究家纺流行时，要分析和研究的是其特点和自身规律。

**1. 家纺流行的特点**

家纺流行与其他行业的流行相比较有其特殊性的一面。其特殊性主要表现为：家纺流行与相关行业之间具有互相依存的关联性，家纺流行表现出独特的装饰艺术性，家纺流行具有明显的国际性。

（1）家纺流行与相关行业的关联性：家纺的流行不是孤立的，它与相关行业的流行有明显的互动性。与家纺流行关联密切的流行包括服装流行、室内装饰流行、家具流行、灯具和家装建材的流行、家居陈设品的流行等。

在国外的家纺行业中，有众多的家纺品牌企业的设计师其早期从事的是服装行业和家装行业的生产和设计；有些设计师本身既是服装设计师又是家纺设计师和家具设计师，其原因在于行业与行业之间有连带关系。以服装业和家纺业来讲，都属于纺织产业，在原材料、面料、工艺技术运用以及设计方式方法上都是相通的。正因为如此，表现在流行的要素与设计的整体风格上，它们之间有着共性的关系和相互影响的关系。有时我们会明显感到在服装上流行的色彩要素、纹样要素以及材料工艺要素在家纺中也同样流行。家纺流行和家具流行可以说是相辅相成的关系,很多家纺的面料直接用作家具的覆盖物等。在很大程度上,流行是同步发生的。对于室内装饰和家装材料、家居用品来讲,它们与家纺的关系更为密切,在营造一种时尚生活的环境氛围中。它们之间是相互关联和相互融合的。一种装饰风格的流行,会在各行各业中表现出其流行共性。认识到这种流行之间的关联性,我们可以从整体上把握流行的趋势。(图2-5)

图2-5 服装流行趋势发布

(2)家纺流行的独特艺术性:在现代家纺行业中,"布艺"的概念是设计和流行时尚中使用最多和覆盖面最广的概念。我们通常说的布艺时尚潮流和时尚布艺设计是突出布艺在家纺流行中的独特的装饰性和独特的艺术性。

相对其他流行而言,家纺流行有其独特的发展历史和发展过程。历史上的很多中外建筑装饰风格和艺术流派的精华在布艺流行中有独特的表现和运用。家纺布艺由于其审美装饰功能的需要,将各种艺术风格通过提炼和吸收,融合成为家纺布艺的流行元素而加以演绎和传播,形成家纺布艺的时尚潮流(图2-6,见彩图)。

研究家纺流行的独特性的主要意义在于使我们认识到,家纺流行一方面受各种流派的影响而表现出时尚性,而另一方面又通过自身的发展和演绎对时尚潮流产生推动和引导作用。家纺布艺的装饰艺术性突出表现在其软装饰的特点上,一般硬装饰的流行在时间和速度上比较缓慢,而软装饰在演绎时尚方面更具灵活性和多样性,因而对潮流的发展和变化产生更多的推动作用。

(3)家纺流行的国际性:在全球经济一体化的发展过程中,家纺产业的发展和家纺潮流的

图2-6　家纺布艺时尚展示

演变也愈来愈朝向国际化的方向发展。中国是家纺出口大国,同时在国内的内需市场也具有很大的发展空间。在今天的家纺流行潮流中,各种家居文化和装饰风格在家纺流行时尚中融合,形成一种国际化的共同语言。

随着国内对外开放速度加快,国际流行的家纺时尚潮流对中国家纺市场的影响越来越明显,一方面是国际上的家纺品牌以各种方式进入中国市场;另一方面是中国的家纺企业走出国门,学习和借鉴外来的设计和技术,参与国际贸易和市场竞争,加速了国内的潮流与国际潮流的融合。中国消费者的消费观念改变和生活方式的改变使得一些国际流行的时尚风格在内销市场上也成为主流的消费。如法兰克福家纺展和巴黎家居展所发布的国际流行趋势在很多方面已为国内市场吸纳和接受,成为国内家纺时尚的潮流。在国内家纺业发展的过程中,20世纪90年代初,欧洲的家纺流行对中国家纺业带来很大影响,90年代中后期,亚洲韩国、土耳其的家纺潮流也一度影响中国家纺业。进入21世纪后,各种国际时尚风格以各种方式全面在国内市场流行,形成多元化流行趋势。(图2-7)

中国经济的发展和家纺产业的进步同样使得家纺流行中的"中国元素"越来越受世界的关注。如体现中国文化精髓的书法纹样和青花瓷图案,在家纺流行中一直受到国际潮流的青睐,形成一种时尚花派。大家经常说:"愈是民族的,愈是世界的"的概念在家纺流行中表现得尤为明显。各种民族的、传统的优秀图案设计是当今家纺流行时尚取之不尽、用之不竭的源泉。(图2-8)

图 2-7　国际家纺展

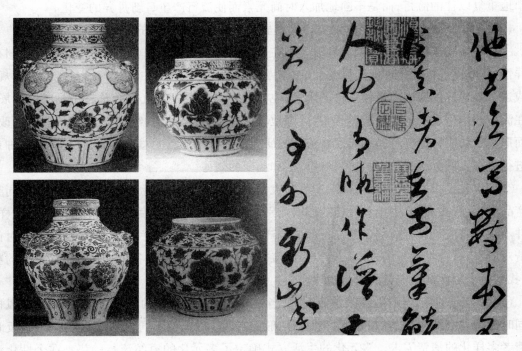

图 2-8　中国元素—青花瓷和书法纹样

### 2. 家纺流行的规律

任何一种流行都有其普遍规律和特殊规律。流行的普遍性表现为：所有流行都是在一定的历史时期和特定地域特定人群内产生、发展、变化的过程，它所遵循的规律是："倡导→模仿→演变→再模仿。"这一循环往返的过程。

家纺流行的规律性总体表现为周期性的、循环发展的规律。在流行变化的过程中，由于消费地区的差别和基本消费需求的差别而显现出差异性和层次性规律。另外，因复杂的市场变化因素和个性消费需求而使流行产生多样化的规律性。在流行的传播方式上，家纺也有其自身的传播规律性。

（1）周期性规律：家纺流行的周期性规律表现为循环和渐进。家纺流行与服装流行相比较不会出现快起快落的现象，原因很简单，因为在家居的装饰中，硬装饰对家纺软装饰具有一定的制约性。一旦硬装饰确定，就不会在很短的时间内改变，会有一个相对稳定的过程，因此，家纺流行会以渐进的方式改变潮流趋向。家纺流行的大的循环周期一般为 8～10 年或更长一段时间。

引起家纺流行周期性循环的因素主要表现为色彩运用的周期循环规律。其基本点表现为：无色系向中性色系再向彩色系的循环过程。每一循环过程为一周期（家纺常用色不属于流行的范畴）；色彩流行还表现为从低明度向高明度的渐变和暖色调向冷色调的过渡。家纺流行的其他流行因素包括图案和表现手法的流行。图案流行一般是从具象到抽象，再到具象的循环过程。而表现手法的流行也是从写实到抽象，从复杂到简化，从立体到平面循环往返的过程。造成流行周期性的根本原因在于人的厌色性生理现象和求新求异的心理现象。周期性循环不是简单地重复以往的流行，而是不断地加入时尚元素而使流行产生日新月异的变化。

（2）差异性和层次性规律：家纺流行有明显的差异性和层次性的流行规律。

①在中国的家纺市场上，南方和北方存在很大的地区差异；在国际市场上，欧美、亚洲存在差异性，如欧洲地区的地中海区域与北欧、东欧也存在明显的差异。差异性是流行的必然规律。造成这种差异性的原因有气候条件的因素，也有民族文化因素。流行的总趋势是向前发展，但是在流行的产生、发展、变化的过程中，会因地域、气候、人群、政治、经济、文化等的制约而改变，从而形成家纺流行的各种差别。家纺流行的研究需要认识流行的总体方向，又要针对各种差异性进行更深入的分析比较，找到差异性产生和演变的规律。

②层次性是指家纺流行中，高端产品和大众化产品的各自流行规律性。事实上，在同类家纺产品中，也存在高档、中档和低档的层次差别。虽然低档产品会模仿高档产品的流行式样，但这并不意味着流行只有高档产品流行而低档产品是跟随性的。各种档次的产品无论面对何种消费对象，都有自身流行的规律。研究家纺流行趋势同样要细化到各个层次的产品流行的特点上，找到每个层次产品流行的自身规律。

（3）多元化的流行规律：在家纺流行中，当一种主流风格流行的同时，其他多样化的风格也会同时流行。家纺流行趋势的预测和发布一般都有四种以上的不同主题和主导风格，这反映了消费者多样化的消费需求。多元化的生活方式确定了多元化的家纺流行趋势。在个性化消费的潮流影响下，消费者更愿意选择一种体现自我价值的特殊消费方式。受时尚潮流的影响，某些消费群体会选择某一种主导风格,但随着潮流变化和观念的转变,其中一部分消费者会改变自己的生活方式和习惯而接受另一种消费方式。个性化消费也使得很多消费者希望能同时感受和体验不同的流行时尚而追求多样化的消费。因而行家纺流行不断趋向多元化和多样化。

在当今家纺流行中,我们可以发现很多相对立的风格和消费理念会同时出现和同时流行,如奢华与简略的风格和理念、张扬与内敛的风格和理念、传统与前卫的风格和理念等。它们之间存在完全的对立,但又都成为时尚的潮流。从哲学意义上讲,凡存在的都有其合理性,凡是合理的都具有现实性。对潮流多样化的研究主要是分析每种流行存在的原因和演变的方向,以便于能动地把握多样化流行的规律。

(4)流行传播的规律:家纺流行传播的与其他流行一样,存在着成长—成熟—衰退的过程。家纺流行的传播有其自身的规律和途径。家纺流行传播方式有直接的与间接的两种。直接的方式首先是国际国内大型家纺展和权威性专业杂志以及引导潮流的公司与企业发布的流行趋势题案。然后是家纺企业针对性的展会、展厅的整体展示设计,最终体现为终端的零售商场和店面的展示和针对消费者的设计服务。在眼下的房地产开发与销售活动中,各种风格的样板房展示也直接地向消费者传播了家纺流行信息。家纺流行间接的传播方式是社会大众的电视、媒体、时尚消费类杂志等渠道的传播。相对于其他的流行而言,家纺流行的传播更为注重引导性的传播方式与方法,引导性的重点是通过家纺配套的展示设计和针对消费者的设计服务而营造出某种生活方式的氛围来刺激消费者的时尚消费。

**(四)家纺流行趋势的预测和发布**

家纺流行趋势的预测和发布的意义表现为两方面,一方面是用以指导家纺企业的产品设计和产品开发,另一方面是引导市场和消费者的时尚消费。

**1. 家纺流行趋势的预测**

家纺流行的预测分为以下三个步骤:第一步是流行资料和流行信息的收集和整理,第二步是对资料和信息进行分析研究,第三步是编写流行趋势报告。

(1)流行资料和信息的收集整理:市场调查是流行资料的主要来源。市场调查要根据终端零售店所反馈的消费者实际消费需求采集第一手信息资料,将资料按类别进行归纳汇集,作为分析工作的基础。资讯的分类可以按照不同地区、不同消费对象、不同产品类别来划分,要有量化的数据参考和实物样品资料,要注明流行的时间和各类产品流行的主要特征。产品流行特征包括产品整体风格特征,流行的色彩组合特征,图案与产品造型的特征,产品构成的材料、工艺、技术要素的特征,各种辅料的运用等。

家纺流行资料第二方面的来源是各类展销会以及权威机构、专业杂志的流行趋势发布;各大型企业、公司的流行产品发布的信息、资料等。从事专门的流行趋势预测工作必须要掌握全面的资料、信息,对这些信息、资料进行逐一的分析比较,提取其中共性的因素作为预测的根据。在流行研究中建立流行趋势资料档案库的工作有十分重要的意义,在预测流行趋势时通过查阅各种历史资料可以按时间顺序和地区划分来观察和分析流行演变的过程,按循序渐进的原则可以推测下一步的流行趋向。

（2）家纺流行资料的分析和处理：它是将所搜集的各类资料分门别类地做出分析处理。

①按照当前家纺市场潮流总体趋势做出本年度与下一年度的家纺流行特点的分析。在做总趋势分析时，要指出流行的市场范围，即国际或国内或某一地区的流行总趋势，要指出本年度的流行主要风格、流行色、流行要素与上年度相比的不同特点和变化，总结出带根本性的潮流趋势。

②在市场细分和消费群细分的基础上提炼出各大类流行的主题和风格。在做各类流行趋势的分析研究过程中，要求围绕每一类的共性特点用高度概括和精炼的文字以及有象征意义的标题确定该类的主题和说明其风格特征。（图2－9，见彩图）

图2－9　法兰克福家纺展发布流行主题

流行趋势主题一般确定为 3~6 个主题,每个主题针对每一特定的消费对象,反映其共性的消费主张和消费趋向。

③在确定大类别的主题的风格之后,对每个主题的流行要素一一列举和分析。要素分析首先是流行色彩分析,要针对主题的内涵确定该主题的色彩组合关系,如主色调、辅色调、点缀色等,要确定每一个主题的流行色色标,并用潘通色卡予以标明。在确定流行色色标的同时,要对该主题的纹样要素、造型要素和表现技法以及纤维材料、纱线材料、面料工艺、辅料搭配、展示设计要求等方面予以确定,并且按要素组合的综合效果做出整体特征的说明。[图 2-10、图 2-11(见彩图)]

(3)编写流行趋势报告:家纺流行趋势报告是为最终进行流行趋势发布所做的准备工作。按不同层次的发布要求,报告的编写方式也不一样,可以各有侧重面,但总的要求要对市场调查的结果和查阅资料的结果做出分析和推理,发表对未来趋势所做的预测和看法。流行预测是一个思维升华和过程,是对现在的流行做出分析的基础上对未来走势和方向做出的推理和判断,其准确性高低表现出研究人员的素养和功底。愈是预测准确度高的流行发布愈具有权威性。流行趋势报告可以按以下步骤编写。

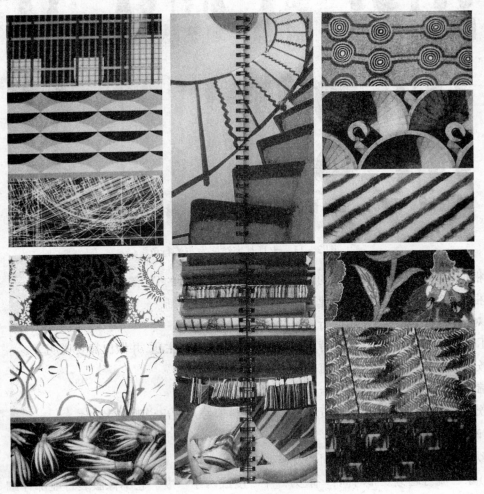

图 2-10　法兰克福家纺展发布的流行元素

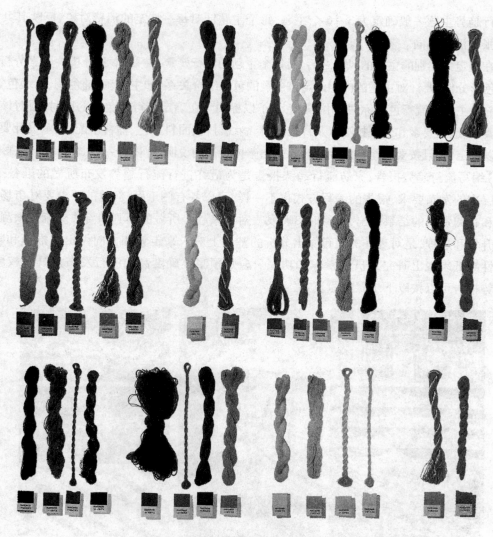

图2-11　土耳其家纺展发布流行色

①根据市场调查和查阅资料的结果做出当前家纺流行的分析结论。

②根据家纺流行的特点和规律性做出预测的推理和判断。

③对某一地区某一类家纺流行做出总体预测的描述。

④围绕各类消费对象的共性特点确定不同风格的流行主题,并做出简要说明。

⑤分别列出每个流行主题的流行要素,并做出说明。

⑥制作各大主题的流行色色卡,并对色卡进行命名。

⑦分类整理各种实物与图片资料,对实物资料编号并做出说明文字。

**2. 流行趋势的发布**

家纺流行趋势的发布具有不同的发布渠道和发布方式。

(1)家纺流行趋势发布时间:一般为一年一度或两年一度。它不像服装行业那样细分为纱线、面料、成衣等三个级别的发布。家纺流行趋势发布的范围划分为国际流行趋势发布、地区流行趋势发布、国内流行趋势发布、企业新产品流行趋势发布几个方面。国际家纺流行趋势发布主要是国际性大型博览会和国际性专业杂志推出的流行趋势预测的发布案。如德国法兰克福家纺展一年一度的流行趋势发布，巴黎家居装饰博览会和其他国际家纺展所作的趋势发布，欧洲各种专业家纺杂志的趋势发布等。此外，一些大型的跨国公司也针对国际市场的流行做出了自己的预测和发布。众多的国际家纺流行趋势发布虽然主题各异，但在流行总概念和一些时尚流行元素上可以找到共同的东西，它们对国际家纺时尚潮流具有直接推动的作用。国内家纺流行趋势发布主要是大型的家纺展，如上海国际家纺展、深圳国际家纺展和国内家纺专业杂志的发布为主。在国内专业的家纺网站上，也会有流行趋势发布方面的各种信息。总体上，国内家纺流行发布还处在初级发展阶段，还需要进行更多的研究工作使其不断地深入发展。

（2）家纺流行趋势发布的方式：根据面对的对象和作用不同，分为概念性发布和体验式的发布。针对家纺专业人士的流行发布一般为概念式的发布。概念式发布是根据各个流行主题的基本风格将各种概念元素，如色彩、纹样、造型、材质等概念加以整合，表达出某种时尚的流行风格概念。由于概念发布比较抽象，它可以给人以更多的想象和联想的空间，因此对专业人士具有很强的引导性和启发性。家纺流行概念对各家纺企业的产品设计和产品开发有直接的指导意义。（图2-12）

图2-12　法兰克福家纺展流行趋势概念发布

（3）针对市场和消费者的流行趋势发布属于具象的体验式发布。这种发布方式是将某一主题的概念通过具体的产品综合展示设计加以体现的。流行趋势的展示设计首先要按主题风格营造出一种居室的氛围,要按主题风格所确定的色彩主调和流行色彩搭配的方式来设计整体和每一个局部的色彩效果。在展示中要注意面料、辅料以及陈设的家居物品之间的整体协调,要在展示中体现出各种时尚流行元素的综合运用。一般具有一定规模的品牌企业在家纺博览会上都会围绕引导消费而推出本企业流行趋势展示题案,其意义是宣传和推广本企业所开发的新产品。因此,掌握流行趋势展示发布的方法对家纺企业是一项重要工作。（图2－13）

图2－13　具象的流行主题发布

## （五）流行趋势的推广与运用

在本小节前面,反复强调了家纺流行趋势研究工作要有明确的目的和方向。这种目的和方向主要体现在流行趋势的推广和运用上。所谓推广是使社会公众更多地认识和了解家纺流行的概念和意义,引导时尚的消费潮流;所谓运用是实实在在地指导企业的产品发展方向,提高家纺企业产品开发的能力和家纺设计师的设计水平,对行业发展起到推动作用。

为了使家纺流行趋势得到有效的推广和运用,首先必须使流行趋势的预测和发布客观、准确、符合实际情况。流行趋势预测发布不能随心所欲地提出一些模糊概念来误导企业和消费者,使企业的产品开发工作蒙受损失。流行的研究、运用和推广要有专家的指导,但是光靠专家们头脑风暴式的预测会带来一些偏颇,专家指导也要得到市场的验证和社会公众的认可才能成为行动的指南。

在流行趋势实际运用方面,不能生搬硬套某一权威机构和专家发布的流行趋势题案。运用流行趋势题案要结合各个企业产品开发的实际。每个家纺企业都有其产品研发的市场定位,一个企业不能包罗所有的时尚家纺产品的生产和营销,只能是在掌握潮流趋势前提下进一步明确自身产品开发的方向。

流行趋势预测要与产品设计工作接轨,要从自身的需要出发来研究流行趋势,如通过对流行资料和信息的研究、分析,我们可以针对家纺产品的纱线、面料、流行色、成品款式等方面设计工作提出指导性意见。

**1. 纱线**

纱线流行趋势收集主要包括收集各大展会的信息、流行服务业的信息、专业网站的信息、供应商的信息等。分析的要点是流行纤维的类别、纱线的色彩、成分以及特点等,进而有针对性地进行家纺新产品开发。

**2. 面料**

面料收集包括国际、国内各大家纺或纺织品展览会、面来供应商、流行服务业、家纺或其他纺织品或服装等网站的信息。分析的重点是面料的组织结构、表面效果、图案、风格、使用性能等。

**3. 面料流行色**

面料流行色收集包括国际、国内各大家纺或纺织品展览会、专业网站的信息、面料供应商的信息等。其要点是分析流行的色彩和分析流行色彩的组合关系。

**4. 成品款式**

收集渠道与上述相同。分析的要点是成品的造型、规格尺寸、做工、技术处理方式等,从中找出流行规律。

## 二、有关家纺设计风格的理论

### (一)设计风格的概况

设计风格的概况包括三方面的内容:风格的定义、设计风格构成的要素、设计风格的文化特征。

**1. 风格的定义**

"风格"一词是界定和评价某一事物特性的一种标准。在讨论风格定义时,要将艺术风格与设计风格的关系加以明确。从历史发展的过程来看,最早形成的是有关艺术风格评价的理论,而设计风格评价理论是在艺术风格理论形成之后引入到设计领域的。设计风格与艺术风格既有联系而又各不相同,对于风格的评价不完全等同于艺术。

艺术风格是人类历史上不同地域不同民族的艺术工作者所创造的具有时代精神风貌和个性特色的一种艺术表达方式。艺术风格就其本质特征来讲是一种相互比较、相互区别而存在的表现形式。最早的艺术风格可以追溯到古代埃及和罗马。而希腊、印度、中国、阿拉伯、北美洲等地域的文化演变过程中也产生了各种形式相异的艺术风格。由此,可以看到风格一词所反映的是历史发展的,有地域性和民族性以及时代性的相互区别的艺术形式和特征。

一种艺术风格的形成既有客观环境因素的作用,也有创造风格的人们主观的因素,而这两种因素是不可分割地联系在一起的,它们共同形成了一种推动力量。很难说是历史创造了艺术家还是艺术家创造了历史,应该确切地讲是历史和艺术家的共同作用力创造了丰富多彩的艺术风格。

每种风格有其不同的表现方式,正是各种不相同的表现形式才确定了不同艺术风格之间的相互区别系统。表现方式涉及材料、工具和技术等因素,但最重要的是掌握这些材料、工具、技术的人的因素。这里同样提出一个问题:是形式决定内容,还是内容决定形式? 我们同样很难界定一种风格的形成是先有风格的概念然后有风格的表达形式,还是先有一种形式感的产生然后一种风格概念的形成。应该说,风格的概念与风格的形式感同样是不可分割的一个整体。

设计风格与艺术风格相比较,其最大的区别在于设计风格是以满足人们对于设计物的功能性需求为目标的。一件艺术作品可以不受任何约束,天马行空地创造发挥,而一件设计作品则必须牢牢地把握住设计物的功能性。虽然后现代主义的设计有其自由发挥,强调形式感的一面,但同样也离不开对于设计功能的最终考虑。对设计风格的评价应该是设计的表现形式与设计物的功能完美的结合。从设计艺术性角度来讲,也要求设计师的设计理念与其表现手法达到完美的统一和结合。

**2. 设计风格构成的要素**

(1)设计的功能性和形式感要素:设计的功能性和形式感是构成设计风格的重要因素。这里之所以要把两者结合起来讨论,是因为从设计发展的历史来看两者都是密不可分地联系在一起的。历史上的设计风格有时会把形式感放在第一位,而反过来,人们又会把功能性放在第一位。可以说形式感和功能性两者是在设计风格形成和发展中不断互为作用的两只车轮。

在评判和考察某一设计风格时,可以从其形式感方面予以考虑,看该作品不同于其他设计的形式特征在哪些方面,如材料运用、色彩构成、设计结构、造型要素、制作技术等的特点,它们结合在一起所形成的风格特征。而在另一情况下,人们会偏重于考虑某一设计物它的实用特点,使用的效果与其舒适度,忽略其外在的形式。现代设计的思潮正是在这种此起彼伏的浪潮中发展演变的。但最终来讲,大家普遍认同的观点是:对于一件设计作品的风格的评估要看形式感与功能性的完美统一所显示的特点。

现代社会的发展与进步表现在设计方面的特点,是新的设计材料和新的设计技术与新的设计观念在不断地产生;而另一方面,各种设计对象的功能性也产生了巨大地变化,这一切使得我们在设计领域创造出具有时代精神的设计风格成为可能和必须。但是,所谓具有时代精神的设计风格所需要把握的要素仍然是新形势下设计的形式感和功能性有机的结合。

(2)设计观念和设计的表现手法要素:设计观念和设计的表现手法也是构成设计风格的重要因素。所谓设计观念,它表达了设计者的根本指导思想。这种指导思想是对于人们的价值观、生活方式和消费取向等综合主张的反映。所谓表现手法是围绕设计观念产生的设计行为,是设计指导思想表现的表达。

设计观念和设计的表现手法是互为作用的关系,但是起主导作用的是设计的思想观念。思想观念是设计的灵魂,在现代设计当中,各种设计思潮交相更替,对设计风格的形成于发展起到了推波助澜的作用。现代社会经济,科技快速的发展使得人们不断地更新观念,使得一些思想家,艺术家和设计师们也在不断地反思人的生活目的、意义和价值观。当着发展没有节制时,整个社会就会产生异化的现象。所谓异化,是人们的社会行为无限制的扩展而导致社会发展背离了人类的根本需求,背离了人和自然、人和人之间的和谐共存关系的初衷。对于异化的反思在本质上讲都是希望通过反思提出一种新的主张,这种主张企图要从本质上寻求人性的回归。正因为如此,在当代各种思潮的影响下,设计的各种风格也就应运而生。现代设计风格中有几种代表性的风格,如波普设计、孟菲斯设计、后现代主义设计、绿色设计以及人性化设计等,基本上都是在设计观念的作用下而形成的各种设计风格。

在现代设计风格的区分上,往往某种主义和思想代表了某种风格。但是,设计观念不能孤立地存在,它必须要找到一种独特的表达方法,这种表达方式就是在观念指导下产生的特殊表现手法。当然,有时一种特殊的表达方式也会反过来促成设计风格的形成。设计是一种视觉的艺术,表现某种特征的设计往往是一些有象征意义的符号、色彩、造型和结构所组成。离开了某种象征的意义,风格的核心就不存在了。因此,同样可以说,观念与手法是不可分割的。如后现代主义的观念造就了后现代设计特有的表现手法,而后现代设计的表现手法通过不断地演绎又充实了后现代风格的内涵。学习和了解某种风格的设计知识是为了更好地吸取和借鉴其中的精髓。在借鉴各种风格的表现手法时,切忌不可以生搬硬套某种外在的符号和形式,而必须充分地认识到表现手法背后设计观念对于手法的规定性和制约性。

### 3. 设计风格的文化特征

在全球经济一体化的发展进程中,各种类别的设计会不会以千篇一律的面孔呈现于世人的面前呢? 在规模化的大生产过程中,因为发展的需要而制订各种行业规范的标准,按标准化要求设计的产品会不会导致所以产品一个模式呢? 科学技术的进步会不会导致产品的功能性单一化呢? 回答这些问题要从设计风格的文化特征方面来加以考察。

设计风格的评判和界定从一开始就与人类的文化相关联。文化与科技属于不同的范畴。文化是意识形态的反映。文化始终与地域性、民族性和时代性紧密联系在一起。俗语说:"一方水土养一方人",就反映出不同的地域文化影响着不同民族的生活方式。在全球经济一体化的过程中,各种不同文化会出现交融和碰撞,人们的生活习惯和生活方式会得以改变;在科技进步的同时,人们会普遍享有科技成果带来的生活便利和舒适。但是作为意识形态的文化因素并不因为上述原因而趋同化,文化仍然会因循地域性、民族性和时代性的特质而呈现多元化发展趋势。

### (二)家纺设计风格形成和发展

设计领域的范围非常广泛,有建筑设计、工业设计、装饰设计、环境艺术设计以及各种服务于人民生活需求的设计等。我们研究设计风格的形成和发展的落脚点在于家纺设计方面。家纺设计风格形成和发展有其自身的轨迹。在前面的有关章节,已经讲述过家纺设计与其他行业的相关联。家纺设计风格的形成和发展与建筑、室内装饰、环境艺术、家具以及日用品设计在风格方面相呼应的关系也是很密切的,有时会是各种设计风格的要素汇集在一起,共同创造出一种流行风格。

### 1. 家纺设计风格与建筑设计

家纺设计风格的形成于演变自始至终都与建筑设计、环境设计、室内设计紧密联系在一起。中外历史上形成的一些经典家纺设计风格,其某种意义上是对建筑和园林以及室内设计风格的演绎。

　　远古时代的家纺用品由于不容易保存的原因,已无法找到证明建筑风格与家纺用品之间相联系的证明材料。但是从目前仍然在家纺设计中经常出现的一些纹样特征和表现手法的运用上,可以推测出这些流行纹样与设计受古代建筑风格的影响情形,如经常在家纺设计中出现的关于古罗马、古希腊建筑的柱式和门饰纹样及相应表现手法和色彩处理的图案(图2-14、图2-15)。

图2-14　希腊建筑装饰

图2-15　罗马建筑装饰

　　在中世纪的家纺设计风格中，受建筑设计和环艺设计风格影响的例子不胜枚举。如哥特式建筑风格和文艺复兴式建筑、巴洛克式和洛可可式建筑及园林设计风格等都对家纺设计风格的形成和发展产生直接的影响，也可以说它们之间是一脉相承的关系（图2－16、图2－17）。

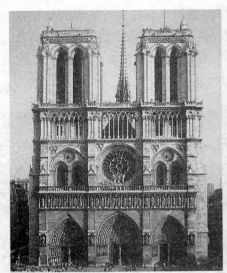

图2－16　哥特式装饰

图2－17　巴洛克式装饰

　　在近代和现代家纺设计风格的形成于发展中，受建筑设计风格的影响实例也非常多，如现代主义、后现代主义、田园风格、结构主义等。

　　家纺设计风格与建筑设计风格交错在一起的情况很容易理解。因为其出发点都是表达不同类别的消费者对家居文化的追求和理念。正因为如此，在把握家纺设计风格时要考虑其环境因素与建筑室内装饰的因素，不可随心所欲地七拼八凑，破坏居室环境的统一和协调。当然，也有一些个别的例子,如法国卢浮宫前面的玻璃金字塔是两种不同建筑风格的集合,但它使一种新概念下完美结合两种不同风格的范例,而不是拼凑的产物。

### 2. 家纺设计风格与宗教意识形态

历史上形成的家纺设计风格大多和宗教信仰与意识形态有关。宗教信仰和各个历史时期的意识形态对艺术的发展有至关重要的作用,同时对家纺设计风格的形成和发展也起到十分重要的作用。如世界上的早期原始宗教的图腾崇拜、基督教、伊斯兰教、印度教以及佛教等宗教信仰都对家纺设计风格产生过深远的影响(图2-18、图2-19)。

图2-18　基督教、佛教装饰

图2-19　伊斯兰装饰纹样

　　历史上的意识形态主要表现在王权和统治者方面。历史的变迁和王权的更迭对于艺术乃至家纺设计风格都产生过不同程度的影响(图2－20)。

图2－20　欧洲古典装饰纹样

　　中国历史上的家纺设计风格也基本上是以朝代的顺序来划分的,如商周、秦汉、魏晋、唐宋、明清等(图2－21、图2－22)。

图2－21　中国青铜器纹样

图 2－22　中国汉砖纹样

　　了解家纺设计风格历史形成的原因,不是要恢复历史的原貌,而是要从家纺设计风格形成的原因中找到其本质特性,为当今的家纺设计指明方向。家纺设计风格受宗教影响并非是家纺设计一定要为宗教服务,而是因为源远流长的宗教信仰寄托了信仰者的一种精神愿望。艺术作品和设计风格是以这种美好愿望为出发点创造的一种表达形式。某种设计风格能够经久不衰地为广大的消费者所钟爱,正是体现了它所特有的价值和永恒魅力。在历史上象征王朝的权力和显赫的设计风格没有因王朝的消亡而消失,其原因在于这些设计风格是人类创造的精神遗产,它表达了一种人文的价值和人文的关怀,对于今天的消费者来讲,有其存在的文化艺术价值和合理性。

　　**3. 家纺设计风格与民俗文化**

　　家纺设计风格产生的灵感绝大部分来源于人们的生产劳动和生活实践。世界各地、各个民族的人们以各自不同的生活方式创造自身的历史和文化,形成了各具特色的民族传统和民俗风情。如果说历代王朝的交替产生的是统治者文化,那么各个民族的民俗风情表现的是老百姓的文化。

　　中外各民族的装饰图案和装饰纹样创造了众多的风格和流派。对于家纺设计的风格形成和发展来讲,民俗装饰是取之不尽、用之不竭的源泉。民间的装饰设计开始时是一种表现形式,在其传播的过程中被人们赋予了特定的理念和象征性之后便成为一种装饰风格而被社会吸纳。在传统创新基础上形成的各种家纺设计风格,大多来源于各个国家和各个民族的传统风俗和装饰形式,如法国的茱伊图案、英国的佩斯利和维多利亚图案以及美国早期殖民地装饰图案等,都是构成各种传统创新装饰风格的要素来源(图 2－23、图 2－24)。

　　在家纺设计风格中,波西米亚风格是具有代表性的民族化家纺设计风格(图 2－25,见彩图)。它最早是东欧地区一种民俗风情所演绎出的设计表现形式。波西米亚风格在时尚流行风格之中始终扮演一种重要角色,其原因在于人们给这种风格赋予了一种无拘无束、放荡不羁的象征意义,这种象征意义能够迎合追逐新潮的年轻人的生活主张和消费心理。

图 2-23　茱伊装饰纹样　　　　　　　图 2-24　维多利亚花卉纹样

图 2-25　波西米亚设计风格

研究设计风格形成与民俗文化的关系,对于把握家纺设计风格的要领有重要意义。一方面可以知道现有的设计风格形成的要素和来龙去脉的承接原因;另一方面也启发我们不断地去发掘各民族的优秀文化遗产,服务于今天的社会。

### 4. 家纺设计风格与艺术流派

如果说古代和中世纪的设计与艺术之间的界限划分还不是十分明显,那么到了现代社会随着工业革命的到来,设计与艺术之间的界限划分越来越明确。但是在设计领域中,设计风格受到艺术风格的影响非常的明显。现代家纺设计风格在19世纪中后期到20世纪的成长过程中受到了艺术思潮和艺术流派的影响。在这一时期中,很多艺术家本身是艺术思潮和艺术流派的代表人物,又加入到家纺设计的行列,对于家纺设计各种风格的形成和发展起到直接推动作用。

19世纪中后期"工艺美术运动"的代表人物威廉·莫里斯既是艺术家,又是设计师。他一生中所设计的大量家纺作品,为家纺的现代设计风格形成做出了很大的贡献。直到今天,其设计风格对家纺设计界都有很高的借鉴和指导价值(图2-26)。在19世纪末期产生于欧洲的新艺术运动和"新装饰"潮流中,同样有很多艺术流派代表人物参入到家纺设计领域对家纺设计新装饰风格的形成起到直接推动作用。

图2-26 威廉·莫里斯设计作品

在20世纪,现代主义成为设计的核心。现代主义艺术流派如印象派、野兽派、立体派、新造型主义、新表现主义、构成主义等,在家纺设计中都有不同的表现。家纺设计风格在20世纪异彩纷呈,争奇斗艳。在众多艺术家和设计代表人物中为家纺设计师所熟悉的有野兽派画家马蒂斯、立体派画家毕加索,还有构成主义艺术家蒙德里安、康定斯基。其中"野兽派"画家杜飞的家纺设计,很多作品展现了现代家纺设计风格的理念。(图2-27、图2-28)

家纺设计就其功能性而言,实用性和艺术性两者密不可分。因此,从一开始家纺设计就和艺术结下了不解之缘。了解各种艺术流派对形成家纺设计风格推动作用的目的,就是要深刻领会艺术性在家纺设计中的作用和重要地位。

图 2 – 27　马蒂斯、毕加索作品

图 2 – 28　康定斯基、米罗作品

**5. 家纺设计风格与现代设计思想**

　　家纺设计风格和其他设计的风格都强调形式与内容的统一,强调设计观念与表现手法的统一。但对于家纺设计风格来讲,大家更看重的是其形式感和表现手法,有时会忽略了设计风格所体现的观念和根本指导思想。其实,现代家纺设计风格形成与发展史在现代主义设计思潮影响下产生的结果。

　　在设计思潮空前活跃的 20 世纪,世界上产生了各色各样的设计主义,如现代主义、新现代主义、后现代主义、立体主义、构成主义、解构主义、未来主义、表现主义等,每一种主义都有其根本的设计指导思想。在这些主义与主义之间往往形成对立主张;从设计风格的形式上讲也产生了完全相反的特征。如果不了解一种设计风格背后的主张和设计思想,从形式上就很难把握其风格特征。

拿现代主义和后现代主义来做比较,当然它们都是以社会大众为服务目标,但在形式上它们表达了两种根本不同的设计观念和主张。现代主义偏重于工业化,标准化和以功能性为主;而后现代主义侧重于人性化、折中性、装饰性。

每一种设计主张都有其合理性和局限性。而设计风格的多元化趋势就是在这种相互比较和相互借鉴中发展的。

现代设计思想对家纺设计风格形成和发展的例子很多,其中比较突出的有波普设计和孟菲斯设计等。波普设计主张最早出现于欧洲,20 世纪五六十年代在美国达到鼎盛时期。波普设计主张平民化和商业化,其设计思想表现为多样性、无拘无束、放纵等。在今天的时尚流行家纺设计风格中,经常会出现这一类风格的设计。孟菲斯设计思想重视一种生活的体验。这种体验式与现代消费者的消费观念相联系的。因此,在时尚家纺设计中,经常会出现类似孟菲斯设计的作品。(图 2 - 29)

图 2 - 29　孟菲斯设计作品

### (三)家纺设计风格的演变

学习和研究家纺设计风格形成与发展的历史,目的在于使我们能够在设计创作中把握好不同设计的风格特征和设计要点,运用时尚流行元素来演绎某种风格;同时也激励我们站在时代高度去创造具有时代精神和民族特色的新的设计风格。

## 1. 设计风格的演变

时尚流行的家纺设计风格,有来自于历史上产生的经典设计风格,也有受现代设计思潮影响形成的设计风格。每种风格都有其存在的社会基础和受众。一种风格定义为某某风格的本质特征是不变的,如果变了就不是原有的风格。但是一种风格能不断流行,为广大消费者所接受是因为其表现形式会随着时尚要求而变化,能不断地融入时尚的元素而使其更好地满足今天的消费需求。举例讲,我们走进北京四合院式的建筑,其形式、材料、造型、结构表现出四合院的风格特征不变,但是四合院内的各种生活用品完全按古代人生活用品照搬,那么现代人无法在里面生活,现代人离不开各类家用电器、电视机、电脑等。中式建筑风格的室内设计要考虑它与现代产品设计之间的兼容性,家纺设计是同样的道理。

把握一种流行家纺风格的本质特征,要注意其中不变因素和变化因素。那么,究竟哪些方面是不变的因素,而哪些方面是变化的呢?这就需要从时尚流行趋势和消费者的最终需求方面加以衡量。有很多时尚的家纺设计风格是历史上传统风格根据今天消费者的需求演变而形成的。如"新乡村风格"的家纺设计,是综合了美式乡村风格、英式乡村风格和法式乡村风格等的要素,按今天消费者诉求而产生的一种设计风格。新乡村风格包含着很多折中的因素,其象征意义占有主导的地位。把握新乡村风格的特征可以从概念上分析,也可以从各种设计元素的运用上去分析。在今天的都市高楼林立的建筑群里,人们很难原汁原味地搬用某一乡村风格的模式,而只能是通过各种设计要素,如花卉图案、条纹装饰、天然材料选用等的组合表达出一种"充足的阳光、户内户外一体的绿化环境、自然生态的用品和装饰、舒适惬意的私人空间"的意念,让消费者体验这种生活方式。(图2-30)

一种家纺设计风格的演变由量变到达质变以后,便是一种新风格形成的开端。在家纺设计中很多以"新"字开头的设计风格,如"新古典风格"、"新装饰风格"、"新奢华风格"等,都是设计师们从时尚流行的需要出发、对传统风格进行改造的结果。

## 2. 个性化设计与新风格的形成

新的设计风格往往是从个性化设计开始的。当个性化设计被推广与普及之后,逐渐为一部分消费者追捧,成为一种时髦,然后演绎为某种风格。如果拿流行音乐来比喻,像"校园歌曲"、"西北风"等演唱风格都是开始于一些特殊的演唱方法而后受到追捧成为一种流行风格。在家纺设计风格中,杜飞设计风格就是杜飞个性化设计得到普遍认同后形成的风格(图2-31)。

个性化设计有两个驱动因素,一方面是设计师主观因素,另一方面是消费个性需求的客观因素。个性化设计能否成立,最终取决于消费者是否愿意接受。家纺设计中的波普风格能够受到年轻的消费群体欢迎,是因为这种个性化设计能够最大限度地满足当代年轻人的内心感受(图2-32)。个性化设计并不意味着设计师可以随心所欲地表现自我,它要求设计师有非常敏感的时尚洞察力。一个好的设计师要时时刻刻关注社会方方面面的流行时尚,从时尚的变化中寻找到灵感。像流行音乐、流行舞蹈、电视媒体、网络媒体等的流行现象对家纺产品的

图 2-30　乡村风格装饰

图 2-31　杜飞设计作品

图 2 – 32　波普艺术作品

个性化设计都有启发。

　　家纺设计风格有传统继承和设计创新两种类型。设计创新是新风格形成的主要来源。若要创造一种新的家纺设计风格，设计师要在思想观念上与时俱进，紧跟时代潮流。在设计的表达上，设计师也要能综合把握色彩、造型、工艺技术与科技进步风貌的新潮流和新信息。

　　家纺设计创新和新风格的形成还有一个很重要的方面，就是新功能产品的开发和研究。由于时代的进步，在设计领域中关于环保、节能、可持续发展等观念变得十分重要。随着社会进步，人们的生活方式也发生质的变化。在家纺设计中，这些因素都是未来发展的课题，需要设计师站在时代的高度去审视。

### （四）时尚设计风格的演绎

　　家纺设计风格具有时尚流行性的特点。在流行的周期当中，各种设计风格会交替地出现在时尚的舞台，而经典的设计风格会反复地在流行舞台上演绎。一种风格能否流行，取决于消费者时尚的消费观念和审美诉求，同时也在于设计师能否通过时尚要素的把握对设计风格做出完美的演绎。

#### 1. 消费者与家纺流行设计风格

　　对哪些设计风格能成为流行风格，要研究不同类别消费群的特定时尚消费观念和时尚审美趋向。首先，我们要通过市场调查和市场分析，将消费者划分为不同类别，然后提炼出每一类别消费者的共性特征，最后确定哪几种风格是当下流行的。划分消费者的标准有很多，如年龄、经济条件、社会角色、文化素养、生活环境等，往往各种标准交错在一起很难把握。另外，消费者的消费观和审美观是随时尚变化而变化的，所以划分消费群没有一成不变的标准。市场调查是确定某类风格为某类消费群接受的根本途径。在调查中，要分析为什么这些消费者喜欢这类风格而另一类消费者喜欢另一类风格的原因,提炼出共性特征,作为下一步确定某几类风格是当前普遍流行风格的依据。确定某几种风格为某些消费者所接受要通过市场抽样调查进行分析,要有时间性和范围性,要有量化的调查结果,然后得出结论。

普通的消费者很难表达自己的家居主张和钟爱哪一类家居风格。因此,为了便于市场调查工作的开展,可以列出问卷提纲要求被调查者填写。问卷设计要围绕构成家居风格的要素来编排。如你所钟爱的居室环境、你所中意的居室色调、你喜欢用哪些材料装修家居室内空间、你喜欢哪种花型和图案的窗帘和床品、你的沙发喜欢哪种款式和面料等。调研要根据各种要素的综合分析确定其基本的风格特征。在汇总了所有调查问卷之后,将其分类,归纳出大的风格类别。

**2. 家纺设计风格的演绎**

演绎家纺设计风格,要把握构成某一设计风格的各种要素,可以把它看成是家纺设计师对一种原有风格进行再创作的过程。

(1)色彩的演绎:每种设计风格在色彩构成方面都有其基本的特征,随着时尚流行色的演变,这种风格的色彩构成会随着流行色的变化而变化,也就是融入了时尚的色彩元素。色彩的演变还会因为地域的自然环境和气候原因以及消费习惯而变化。

以乡村风格的家纺色彩为例来看色彩变化。首先,原型的乡村风格色彩在其基本色调和搭配方式上存在差别,如美国式乡村风格与英国式乡村风格色彩处理方法各不相同,英国式的色彩比较明朗、亮丽,而美国式的比较稳重、内敛。(图2-33、图2-34)

图2-33 英式乡村风格装饰

图 2 - 34　美式乡村风格装饰

另外,再来看时尚流行的乡村风格色彩的变化,它是一种融合了各种元素之后的新的乡村风格,其特点加强了与现实的生活环境色彩的协调和对应。再从消费者角度来进一步细分,又可以看到家纺设计师针对不同的消费者所做的乡村风格色彩处理的各种差异。(图 2 - 35)

图 2 - 35　现代乡村风格演绎

（2）花形图案和表现手法的演绎：构成家纺设计风格的花形图案和表现手法会随着时尚潮流的变化而演变。传统的花形图案设计表现得比较具象，而时尚的花形图案融入了时尚元素后表现得较为抽象，有些图案以符号形式体现原风格的象征意义。另外，传统的表现手法注重写实和立体感，时尚演绎的过程中，由于融入新的元素而使得表现手法趋向于平面化和装饰性。人们可以从佩斯利纹样的演变来看图案与表现手法的演绎和变化（图2-36、图2-37）。

图2-36 传统佩斯利纹样

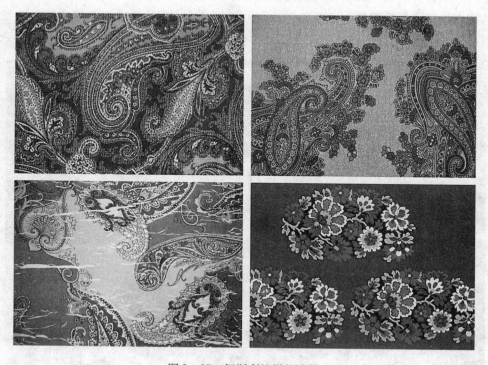

图2-37 佩斯利纹样的演绎

（3）材料运用与加工方式的演绎：从材料方面讲，传统风格的设计以天然和原生态的材料加工为主，而时尚的设计依赖于工业化大生产，其材料运用以仿真、仿天然为主。因此，演绎一种经典风格，其材料运用要考虑现代材料与经典风格之间相融合的因素。从加工方式来讲，传统风格的设计以手工制作和作坊式加工为主,而当今的加工方式是机械化。因为加工方式的不同,演绎一种风格也要随时代变化而创新。

本质上讲,现代化的生产方式已经改变了人们的生活方式,在家居环境和生活用品上更能体现其功能需要。但人们仍然喜爱一些经典的设计风格其主要不是出于适用功能的考虑,而是一种文化和审美的考虑,可以说是对一种装饰风格的追求。

从材料运用和加工方式上演绎某种风格,主要采用科技手法去表现这种风格的装饰效果和象征性的人文精神(图2-38)。

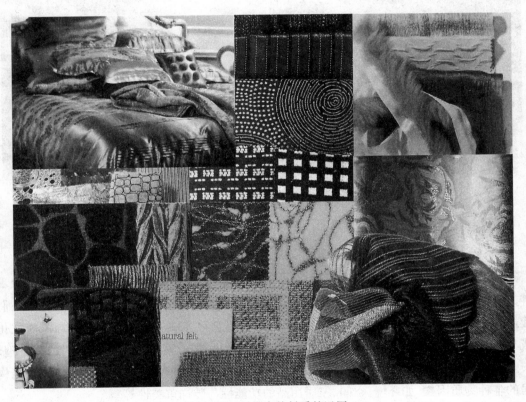

图2-38　时尚家纺材质的运用

(4)整体装饰效果的演绎:家纺设计风格的整体装饰效果最终体现为室内的整体装饰效果。时尚流行的家纺设计更强调整体展示的设计。展示设计要考虑各种家居用品搭配的统一和协调。演绎一种风格,要把一些传统元素和时尚元素有机结合在一起加以考虑。如传统的欧式居室一般有壁炉,而现代居室的壁炉已经失去了一种原有的功能性,而只是一种装饰性陈设。现代家电用品有其不可缺少的功能需要,但在装饰上如何与传统风格达到兼容则是对设计师提出的难题。演绎一种装饰风格的整体效果要求设计师把握风格的主要特点和风格的象征意义,而在每一个细节方面采用相对折中的方式把各种装饰元素融合在一起。在一些功能性为主的用品上使用某些符号和点缀性装饰,以及对色彩、轮廓做适当的调整方法来体现风格的特征。(图2-39)

图2-39　家纺整体展示设计

### 三、家居文化知识

　　家居文化体现了人类社会以家庭为单位的群体形成的各种生活方式。家居文化既表现为精神方面的追求,也表现为物质方面的追求。家居文化具有十分丰富的内涵,它既包括人们衣食起居方面的生活习俗,也包括人们休息、娱乐、交流、学习方面的日常活动内容。家居文化的形成与变化有其主体因素,也有其客体因素。主体因素是构成家庭的成员对"家"的一种理念,如安全感、归宿感、休闲感、隐私性、舒适性,以及精神的享受和精神的释放等。客体因素是构成家居的各种物质因素,如环境、空间、家居用品的功能性与装饰审美性等。

　　研究家居文化的出发点是从家纺设计与家居文化的关联性来考虑的。家纺产品设计要坚持以人为本,就要明确设计服务对象的家居文化背景,要从满足人们生活目标上认识设计的意义。它涉及家纺设计与家居文化的关系、家纺设计与生活方式的关系、家纺设计与文化传统的关系等内容。

#### (一)设计与家居文化

　　应该说家居文化始终是伴随着社会进步的进程而发展和提升的。

　　在现代社会,谈及家居设计时,常会采纳整体设计的配套方案,原因很简单,即配套设计的方案往往更注重环境的整体谐调性、时代风尚的流行性,更突出主题性的设计理念,强调色调、图案以及工艺在统一之中求变化。如同各种搭配的纺织品设计中,配合中式室内环境设计时,设计师往往会采用中式风格的软装饰加以配合,如有时会采用表现中国风情的纺织品或采用有

中国传统图案形式的装饰纺织品,配合现代设计的理念和手段,更能使整体环境充满中国味道并具有时代感。(图2－40)

图2－40　中国传统形式家居装饰

　　实际上,整体家居设计最能体现个体家居文化的品位。家居纺织品设计综合运用各种工艺,在近年一直比较流行,如不同材质和色彩的拼布与刺绣结合、印花绣花结合、提花印花结合、提花绣花结合,绗绣绗补结合等。在整体设计方面,将提花与印花、提花与绣花、印花与绣花等不同工艺手段加以综合运用,能够很好地表现出时尚而又带个性化的配套产品特色。(图2－41)

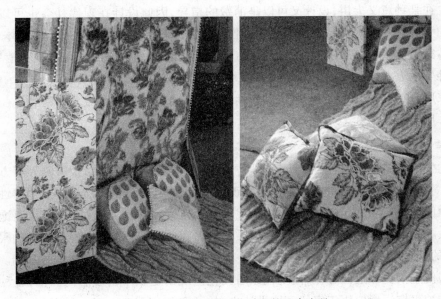

图2－41　采用不同工艺手段的配套产品

现代的家居文化更多地表现为一种象征性,这种文化象征是透过色彩的象征性、图案和符号的象征性以及处理手法的象征来体现的。把握好设计与家居文化的关系,就需要家纺设计师在设计各类家纺用品时,要充分地调动这些因素来创造现代的家居文化。

## (二)设计与生活方式

世界进入科技高度现代化的时代之后,科学技术快速发展,满足人们生活需求的商品贸易走向多元化,日益融入人们生活的设计领域也必然受其影响不断提升自身的内力,以适应时代的前进步伐;社会的进步极大地丰富了人们的物质生活,随之而来的是人们生活观念的根本改变,从而生活方式也随之发生了巨大的变化,这些都必然影响人们的生活趣味和审美思维以及对不同艺术格调的追求。既然生活理念决定了人们的生活方式,而生活方式又决定了人们的社会需求,有需求就存在着设计的空间和创意的动力,设计就是为了满足人们的不同需求。因此,生活方式与设计之间相辅相成的关系也就决定了现代设计的走向必然是要符合现代社会的发展趋势,符合保护环境,合理利用地球资源,秉承可持续发展理念而进行新产品开发生产。

### 1. 产品设计与生活方式

设计对于生活来讲有多方面的意义,在人们生活领域的方方面面都存在着各种设计的需求,如建筑设计、环境设计、室内空间装饰设计、家具设计、家用纺织品设计、服装设计、陶瓷设计等。在本章节中所涉及的设计,更多是指家纺设计、装饰纺织品配套设计等。有什么样的生活方式,就会产生相对应的设计需求,因此也可以说,设计与生活方式之间是一种相互依存、相互提升的关系。当代人们对家用纺织品的消费方式明显地表现出生活方式上和认识上的转变时,家纺产品也越来越朝着人性化的文化和精神层面的方向发展。相对应的购物环境和销售方式也会更加体现购物的乐趣和私人的专属感。从另一种角度审视这两者的关系,又可从另一层面理解设计。在某种意义上讲,设计又可以是消费的指导,因此设计在现代社会也可以参与人们生活方式的引导。一些国外品牌的产品在销售展示方面十分注重整体居家风格的体现,如各种类型的整体家居体验馆的展示方式及产品设计,对消费者就是很好的直观体验和消费指南,同时也是一种生活方式的形象的引导。(图2-42)

宜家家居、东方家园等大型家居用品售卖场,就在家居消费方面对大众起到了一定的生活方式引导作用(图2-43)。

### 2. 生活方式的转型

人们的生活方式是由时代、社会经济地位、民族习惯、知识层次、综合素养等多方面因素所决定的;不同的时代、不同的阶层和不同的知识保有量的不同人群,必然会形成差异性很大的生活方式。中国经过三十多年的改革开放,人民的生活水平发生了很大的改观,从温饱转向小康是一个很大的跨越。生活水平的改变,生活质量的提高,与外界交流的增多,人们的眼界变得更开阔,人们的观念也发生了根本的改变。这一切的转变是人们生活方式转型的基础。人们生活方式的转型使生活更靠近国际化,使现代家居文化呈现出更加丰富多彩的一面,各种材质纺织品的软装饰被更广泛地应用于家居环境设计之中。(图2-44)

图 2 - 42　整体家居体验的设计

图 2 - 43　宜家家居售卖场

图 2-44　各种材质纺织品的软装饰

现代家纺朝着更人性化、健康化的方向发展,人们更关注家纺的文化性和精神层面的意义提升。生活方式的转型必然带动人们对家居产品的理性消费观念的转变,由此也必然带来更大的家居产品消费空间。因此,家居高级设计师的根本任务应是在充分的市场调研的基础上,准确把握市场动向,及时推出符合时代精神、时尚流行特色且具有一定导向性和客户喜爱的各种纺织产品,以此应对生活方式转型后人们对家纺产品新的需求。

（三）文化与传统

1. 中华文化与传统

文化与传统是个很大的课题,涵盖和涉及的方面相当广泛,其涵盖了不同地域、不同种族风俗、不同宗教信仰、不同艺术风格、不同思维模式等多方面内容,还涵盖了如饮食文化、服饰文化、风俗、礼仪文化等各方面的文化现象。各种不同的文化现象最终将影响人们对世界的认识,中华文化体现出东方大国的风韵,东方的典雅、含蓄、文化的厚重积淀,多民族服饰呈现的丰富绚烂风采等;而中国古老文明的发源不能不提起骨针、陶纺轮等这些纺织工具的发明,继而纺织文明贯穿了中华历史文化的古与今。中国是世界上最早发明养蚕植桑、缫丝织绸、手工刺绣的国家,古代精细的丝织品、刺绣品充分反映出中国古代纺织技术的高超水平和艺术性与工艺技术的完美结合。我国的丝绸之路又将中国的丝绸文化源源不断地传播到世界各地,最早的西方文明也正是通过这条商路输入中国,进行了世界上最早的中西文化与商业的交流。吸纳与融合了各族文化的中国古老文明更加丰富和博深。

中国的染织、服饰文化历史悠长,在几千年的发展过程中,创造了辉煌的历史篇章,在织造、编结、印染、刺绣等染织工艺方面成果尤其显著,如著名的缂丝、云锦、蜡染、夹缬、四大名绣等。在中国历史上都曾扮演着很重要的角色,并一直沿用至今。这些古代的染织工艺技术在各朝代所起到的作用,无论从宫廷皇室的生活礼仪(宫廷文化与艺术),还是到满足百姓生活起居(民间工艺美术),都充分展现出中国染织文化的辉煌传统。虽然在古代中国有着严格的等级制度和烦琐的礼教传统,但在中国纺织服饰文化中还是充分得以了体现和运用。新中国成立后,破除了旧有的一些陈规陋习,底层百姓地位的提升、大众文化的普及给予了我国染织文化以新的发展机遇。(图2-45)

图2-45 中国传统文化家居软装饰设计

现在发展的脚步已跨入21世纪的科技时代,然而,历史的延续、传统的承继、文化的传承与发展都会沿着一定的历史脉络和规律不断进步,既体现历史和传统的延续,又充分展现时代的发展印迹,应该是当代文明的丰富内涵,因为一个民族的文化与传统是在漫漫历史长河中逐渐积累与淘析出的精华所在,如果现代文明将其割裂而独自发展将会变得苍白无力,无根之树是难以维系生命的,也是不现实的。因此作为有着深厚文化底蕴的中华民族,在放眼世界、发展现代科技文明的同时,应该更好的思考、研究和吸纳本民族传统文化中的精髓养分,保持本民族的特色文化,这才是中华民族立于世界之林,区别于其他国别民族的本质所在。

**2. 设计与传统**

任何设计都是在一定传统基础之上的发展与创造,任何创新都不可能凭空出现,总是和过去有着千丝万缕的联系。因此,今天的家纺设计也脱离不了传统的脉络,脱离不了传统文化的根。中国的历史悠久,文化底蕴深厚,地域辽阔,民族民间艺术文脉丰富,这些都为家纺设计提供了丰富的文化内涵和灵感资源。(图2-46)

图2-46 中国风格的家居设计

21世纪国际化经济虽然把世界各国都统归于全球性经济秩序之中,但各国的不同地域文化、不同种族的习俗风尚、不同的宗教信仰,不同区域各异独特的物产景色等,终究造就了全球多元化的事物与不同的精神追求。不论东方还是西方,作为人类文明遗产的传统文化都受到人们的重视和尊重,而作为人们日常行为规范的历史文明,则部分的被保留着,而部分则随着时代的进步而消亡了。现代设计在这样一个多元化因素并存的时代,也应该是多样化的、丰富的、包容的,既有传统的又有现代的,既有民族的又有国际性的。而现代性本身也是从传统脱胎而来,并与传统相比较而言,没有传统就没有现代。而现代设计是针对现代人们的需求,满足现代人的消费习惯和消费心理,而习惯本身就带有传统的意味,它是延续以前的偏好和惯例,而消费心理则会随机而变,受多种因素所左右,如品牌的诱惑,产品的新颖与时尚,可爱与美感的倾心,价格的吸引等。虽然消费心理可能会随不同场合或因素而改变,但一个民族的传统精神和习俗是不容易改变的。因此,现代设计虽有现代的、超前需求的一面,但仍要考虑地域性、民族性以及宗教信仰等方面的需求因素。

## ❋ 编制设计、开发方案流程

　　家纺产品设计、开发方案的制订是通过大量的市场调研,以及对国内外家纺产品流行趋势进行分析研究,并根据当代时尚流行趋势、本企业品牌风格定位的基础上的全方位企业行为,它支撑着企业品牌、产品等稳固健康发展,是关系企业命运的重要决策。

　　作为企业的高级家纺设计师,应全程参与家纺设计、开发方案的制订与指导。

### 一、对国内外家纺流行趋势进行分析研究

　　作为家纺企业,在一个重要决策正式出台之前,掌握国内外纺织业界的前沿信息十分重要,对国内外家纺流行趋势进行较详尽的分析和研究,是企业新产品设计开发的重要内容和步骤之一。

### (一)国内家纺市场现状研究及流行趋势分析

　　对国内家纺流行趋势的分析研究,以国内大型家纺展和专业杂志以及专业网站的信息为主,如国内的上海国际家纺展和深圳国际家纺布艺展所发布的流行趋势(图2-47、图2-48,见彩图)。透过以上机构发布的流行信息,设计师可以从宏观把握家纺设计的潮流。

图2-47　上海国际家纺展发布的流行趋势

图 2 - 48　深圳国际家纺布艺展发布的流行趋势

## （二）国外家纺流行趋势分析

国际家纺流行趋势的分析研究以国际上权威性的家纺展和专业杂志以及网站所收集的信息资料为主。如德国法兰克福家纺展发布的 2009 年流行趋势六大主题和 2010 年流行趋势的四大主题，可以让设计师能够基本把握目前国际家纺潮流趋向（图 2 - 49、图 2 - 50，见彩图）。

图 2 - 49　法兰克福家纺展发布的 2009 年流行趋势的六大主题

图2－50　法兰克福家纺展发布的2010年流行趋势的四大主题

### 二、根据目前流行趋势提出设计指导意见

研究国内外家纺流行趋势的目的是为了在产品开发和产品设计中有明确的方向性和针对性,家纺设计师通过研究和市场调研要能够对本企业的设计开发和产品设计定出具体方案。由于全局性的流行趋势发布比较概念化,因此要求家纺设计师在整体把握流行概念的同时,提炼对本企业有实际价值的设计理念和流行元素,制订出本年度和本季度的设计方案。具体地讲,要把流行的色彩、流行的图案和造型特征运用于产品设计和开发中去,让消费者能够产生耳目一新的感受。一个好的设计开发方案是在分析和提出各种时尚元素之后并与目标消费者互动中产生的。

### 三、分析时尚的流行设计风格

家纺产品设计的流行风格受人们所处时代崇尚风潮和事物影响。现代社会进入高科技时代、信息化社会,人们之间的距离由于网络通信而缩短了,信息的国际化、贸易的全球化使艺术思潮也成为世界性流行风潮。家纺设计在某种意义上讲,也是与国际的流行风格相一致,其艺术风格在表现形式方面也具有多种属性。

从不同企业发展策略上看,设计风格取决于企业品牌定位,而设计要素的整合也会在不同的侧重面显现出这一主导思想。因此分析当代时尚流行风格,分析家纺材料、制作技术、工艺等的应用与整合关系时,要把时尚流行的艺术风格与未来企业产品相结合,重点应把握在选料与确定生产技术和工艺,使产品能体现企业未来发展规划和设计师所期望根据企业品牌定位所要达到的最终设计效果。

随着现代科技的进步,家纺产品的工艺加工方法与制作技术也不断提高,也为设计师提供了更多创新产品的机会和改变时代设计风格的可能性。对新材料、新技术、新工艺的选择与运用应本着可持续发展、节省资源的理念,深入研究满足产品功能性和审美性的设计要求。在强调产品风格的统一性与谐调性的前提条件下,在各种制作技术与工艺中合理选用材料和选择适当的加工工艺,包括下脚料的废物利用,采用拼色、补绣、肌理再造等工艺,也可以形成独具特色的时尚产品,同时还可以变废为宝。

### 四、对产品开发进行风格定位

设计风格体现产品的核心价值。在产品的风格定位中,一定要突出本企业所设计开发的产品与目前市场内同类产品所具有的是明显的区别和独有的风格特征。强调流行风格并非强调同质化;相反,强调流行风格就是要表现出产品设计的与众不同点。如国内家纺品牌企业"莎鲨"在产品设计与开发中坚持用创新引导市场的潮流,将时尚的"奢华"理念演绎为一种独具特色的"新奢华主义"而成为时尚新宠。(图2-51)

图2-51　家纺品牌"莎鲨"演绎的"新奢华主义"

### 五、编制产品设计开发方案流程

织物设计与印染图案设计、绣品设计编制开产品设计开发方案的内容和方法步骤基本相同,可以互相参考对照。产品设计开发方案的编制工作分为前期的准备阶段和实际编制方案阶段。

#### (一)准备阶段

**1. 收集信息资料**

广泛地收集各种信息、资料,对国内外家纺产品流行趋势进行分析研究,根据目前流行趋势提出设计指导意见。近年来,国内外纺织、印染、刺绣技术发展很快,应用新技术不断产生,家纺设计师必须紧跟潮流,及时掌握趋势的变化,才能更好地进行产品研发工作。

分析研究流行趋势要有目的性和切合产品开发实际。一种新技术流行开以后会对各类家纺产品带来新变化,如植绒加烂花技术其应用于各种风格的产品设计上会产生各不相同的效果;又如剪影加肌理处理手法流行开以后,同样会在各种产品设计中出现各不相同的新面貌。设计师要善于将各种时尚元素与本企业的产品开发结合起来进行创新。

### 2. 明确企业的品牌定位和风格定位

一个品牌的产品设计要有延续性,要始终与消费者形成互动关系,让消费者有认同感。从品牌定位角度讲,产品开发要坚持产品风格的独特性和一贯性,但从产品开发角度讲,又要不断地让消费者有新鲜感、时尚感,做到与时俱进。设计师编制家纺产品设计开发方案要善于把时尚性和本企业的品牌融合,不断地推陈出新。

### (二)实际编制阶段

实际编制产品设计开发方案分以下七个步骤进行。

### 1. 制订设计主题

根据市场需求与产品开发定位,以及企业的实际情况确定下阶段家纺产品开发的系列主题(企业一般要提前至少半年时间设计开发下一季新品,以便及时推出应市销售的新产品),充分发挥各种工艺在设计中的装饰与呼应作用,写出产品开发主题分析文案。

### 2. 全盘规划系列产品

对本企业的品牌发展模式、经营目标以及生产工艺等进行分析研究,按本企业的既定方针和实际情况全盘规划系列产品,力争对系列产品分主题进行设计开发,做到充分、完整、系列化,主题配套产品多样化,可聚可散,可多种类搭配,可灵活更换混搭,使其能够适应和方便更广泛的消费者根据自己的需要进行搭配选择,这也是作为品牌产品需要对消费者承诺的周到服务之一。

### 3. 选择设计参考素材

围绕产品设计主题的要求,结合流行时尚信息,选择相关的参考素材和具有启示意义的资料:花鸟鱼虫、植物、风景、建筑、器物、动物、人物、故事、几何构成、色彩构成、东西方绘画、摄影作品等都可作为新产品开发的设计参考素材。

### 4. 确定制作工艺与材料

根据产品设计的特点和要求,确定产品设计制作的工艺方法和材料。家纺材料多采用天然纤维、合成纤维等面料。可根据产品设计的具体需要,选择适合的色彩和材料搭配组合。高级家纺设计师需要具备全面的综合基础知识,能够在实施设计方案的过程中全程参与意见与指导。

### 5. 写出设计方案

从家纺产品的市场分析:家纺行业发展背景分析、竞争环境分析、消费者需求分析、本企业品牌规划分析等方面入手,全面策划总体设计方案并写出各个系列家纺产品设计方案。

### 6. 提交决策部门论证,征询市场反馈意见

做出产品设计方案后,需提交决策部门进行论证,并在门店或展会等处进行展示,以征询市

场反馈意见。

### 7. 根据市场反馈意见进行讨论并修改设计方案

产品设计开发方案是关系到企业新产品顺利上市的关键环节。高级家纺设计师应具有全面的产品设计综合知识，并能结合实际情况灵活运用，同时要能够整体调控进展情况；根据市场反馈意见组织设计师进行讨论，对产品设计开发方案的不足之处进行合理有效的修改，并进行实际操作过程的指导。

**思考题：**

1. 家纺展流行趋势研究工作对家纺行业的发展有哪些指导意义？
2. 目前流行的家纺设计风格有哪些？请举例说明。
3. 如何确定产品开发的系列主题？请举例说明。
4. 如何在家纺设计中体现家居文化的内涵？请举例说明。
5. 制订总体设计方案有哪些要点？请举例说明。

# 第二节　实施产品设计开发计划

## ✿ 学习目标

根据《国家职业标准：家用纺织品设计师》的要求，本节分别围绕织物设计、印染图案设计、绣品设计提出了高级家纺设计师在实施产品设计开发方面的具体要求。

织物设计：通过品牌设计理论、产品定位知识以及织物制织知识的学习，能够按织物设计技术要求实施品牌设计方案。

印染图案设计：通过品牌设计理论、产品定位知识以及印染相关知识等方面的学习，能够进行整体配套的整合设计，实施品牌设计方案。

绣品设计：通过品牌设计理论、产品定位知识以及绣品新设备、新工艺知识的学习，能够编制绣品设计说明书，实施品牌设计方案。

## ✿ 相关知识

### 一、品牌理论与产品设计定位综合知识

在前面的有关章节，已经围绕品牌设计和产品定位做过反复阐述。本节从高级家纺设计师实施设计开发计划方面讨论品牌设计理论和产品定位问题。

#### （一）品牌属性

#### 1. 产品

产品是品牌的物化形式，其外观、质量、技术、性能等对于品牌的形成奠定了基础。原

料、结构、风格、性能、工艺手段等组合形成了该产品的档次定位,在打造品牌时据此做好定位。

**2. 企业**

企业是品牌的载体,品牌代表着企业形象,企业决定着品牌的实力。

**3. 个性**

品牌个性的产生源泉是产品自身、传送品牌信息的广告主、品牌使用者以及来自于品牌的创始人等。

建立个性步骤:从消费者出发考虑方案,从品牌定位出发考虑方案,从主要的情感出发,设立监督员以及根据市场经营情况进行再投资等。

**4. 形象**

家纺品牌形象与品牌实例共同构成了品牌的基石,是企业整体形象的根本。品牌形象分为内在形象与外在形象:内在形象主要包括产品形象及文化形象;而外在形象包括品牌标志系统形象及品牌在市场、消费者中表现的信誉。

(1)产品形象:它是品牌形象的基础,是和品牌的功能相联系的形象。一个品牌不是虚无的,而是能够满足消费者的物质和心理需求的。这种满足与产品息息相关。

(2)文化形象:它是指社会公众及用户对品牌所体现出的文化或企业整体文化的认知程度和评价。

(3)标志系统:它包括品牌名称、商标图案、标志字体、颜色、包装等。

(4)品牌信誉:它包括产品、服务、技术以及合同交货、结账、付款等一系列内容。

**(二)品牌愿景**

品牌愿景是指一个品牌为自己确定的未来蓝图和终极目标,主要由品牌目标、品牌文化、品牌使命、品牌计划四个部分组成。

与其他产品一样,家纺产品存在着生命周期,这预示着产品要不断更新换代,不断创新。由于产品是品牌的载体,所以不断涌现出的新产品使品牌能够永远地延续下去,使品牌的生命之树常青,经久不衰,充满活力。

品牌是抽象的,产品是具体的。好的产品在一定时间内会被淘汰,但品牌屹立不倒。产品可以更新换代,品牌可以保持不变。因此产品生命有限,而品牌的生命力无限。从某种意义上说,品牌推动了产品的生存与发展。

**1. 品牌目标**

当今社会,品牌对于消费者来说越来越受到关注。每当消费者在购买产品时经常问一下是什么品牌的,是名牌吗?这些都是品牌在消费者心目中逐渐形成的印象并以此引发了购买欲望。家纺品牌是企业、产品或服务质量的一种象征。

品牌是企业试图通过品牌带给人们一个理想的世界,为了使世界更美好而拥有的愿景。许多家纺品牌家纺能够很好地去确定愿景目标,才使得自己的产品始终处于同行业的领先地位。

### 2. 品牌文化

品牌文化是一个累积品牌资产的有力工具。品牌的忠诚度、品牌联想、品质形象、品牌的知名度都和品牌文化有着密切的关系。品牌文化作为家纺品牌的灵魂，贯穿于品牌经营管理的各个方面：产品开发、营销渠道、广告宣传、店铺零售等，每一环节都要体现家纺品牌文化的内涵。设计师在进行产品开发的时候，首先应该考虑的是本品牌的顾客定位，如何把最新的流行信息体现在产品风格里面来，也就是风格文化决定流行的取舍，而不是流行文化决定风格的取舍。

成功的家纺品牌，要让消费者在所有接触到该品牌的环境中，能直接或间接地感觉到与众不同的品牌文化。

家纺品牌文化的形成，第一种需要长期的积淀，并始终坚持自己的路线；第二种是中期目标，是众多国内企业努力的方向；第三种是当前家纺产品的特点与优势，是国内家纺企业用得最多的。前两种可以称之为"隐性文化"，第三种称之为"显性文化"，隐性文化需要较高的欣赏层次和消费意识；显性文化是一种可以"说出来"的文化，可以引起消费者的注意，以致共鸣。

### 3. 品牌使命

品牌使命主要是指这个品牌对于公司来讲或是对于整个品牌组合来讲，它的作用是什么？换言之，所规划的品牌在它所在的组织中承担了什么样的使命。品牌使命为该品牌提供了它存在的理由，也就为组织的决策提供了依据，使公司内部人员在进行品牌营销运作时，知道该如何投入资源、精力等。

### 4. 品牌计划

品牌计划是指品牌对未来发展目标的规划，它主要包含对未来环境的描述、对品牌终极目标的确定、品牌蓝图写真三个部分。其中品牌蓝图是把品牌未来环境、品牌的终极目标进行综合、精练，并进行美化后的一个描述。在品牌计划中还包含对品牌使命具体的表述等方面内容。

### （三）品牌定位

#### 1. 品牌定位的基本原则

（1）执行品牌识别：对某些品牌而言，品牌识别和价值主张被整合在一起，并作为品牌定位之用，在大部分情况下，前者的内涵大于后者。

（2）切中目标消费者：品牌定位必须设定一个特定的传播对象，而这些特定对象可能只是该品牌所有目标对象中的一部分。

（3）积极传播品牌形象。

①品牌定位与品牌识别一起传达品牌形象。

②品牌面临竞争威胁时，通过品牌定位强化其形象。

③品牌形象适应面狭窄时，可以通过品牌定位扩展其形象。

④品牌形象与品牌识别相悖时，可以通过品牌定位修正其形象。

（4）创造品牌的差异化优势：品牌定位本质上展现其相对于竞争者的优势，通过向消费者传达差异性信息而让品牌引起消费者的注意和认知，并在消费者心理上占据与众不同的地位。

（5）考虑竞争者的地位：几乎任何一个细分市场都存在着一个或多个竞争者。企业在定位时更应考虑竞争者的品牌定位，应力图在品牌所体现的个性和风格上与竞争者有所区别，营造自己品牌的优势，使自己的品牌有别于其他品牌。

（6）要考虑成本：品牌定位是要考虑成本代价的。在定位时要遵循的原则是：收益大于成本。收不抵支的品牌定位是失败的定位。

**2. 品牌定位方法**

品牌定位是期望消费者对产品品牌产生认知。家纺公司可以选择不同的定位策略，通过拟订定位主张，结合品牌的包装、销售渠道、促销方式、品牌形象等向市场传达定位概念；通过国内外知名品牌的定位经验，订出品牌定位策略：品牌定位首先要分析大市场——社会市场。家纺企业要在庞大的消费群体中，根据需要按照一定的标准进行区分，把整个市场细分开来，以便确定自己的目标；然后确定小市场—目标市场，对细分出来的小市场进行定位。

（1）评估细分市场：核心是容量、规模、发展趋势、潜在的竞争力。

（2）选择进入细分市场的方式。

①集中进入：集中力量在一个目标上进行品牌管理。

②力量分路进入：在几个市场上同时进行品牌经营。

③专门化进入：集中资源生产一种产品，提供给各类顾客或者专门为某个顾客群的各种需要服务的经营方式。

④无差异进入：对各细分市场之间的差异忽略不计，只注重各细分市场的共同特征，推出一个品牌，采用一种营销组合来满足整个市场上大多数消费者的需求。

⑤差异进入：多个细分市场为目标市场，分别设计不同的产品，提供不同的营销组合以满足各个子市场不同的需求。

（3）定位基本程序：品牌定位是技术性较强的策略，离不开科学严密的思维，必须讲究策略和方法。

①从每个消费者出发，考虑不同方案。

②从品牌定位出发，展望品牌个性。

③从主要的情感出发，考虑品牌个性。

④进行再投资。

⑤设立品牌"个性监督员"。

**（四）产品设计的需求、功能、工艺技术定位**

家纺产品设计要围绕品牌核心价值的实现来进行定位。在产品设计定位的过程中，首先要确定产品设计的市场针对性和消费者的针对性；在市场定位的明确指导下，要确定产品设计的功能性和实用效果；另外，要对设计的工艺技术要求做出明确定位。

**1. 设计的需求定位**

产品设计的需求定位要有明确的针对性，要根据某一类产品所面对的某一类消费者来确定色彩、图案、造型和整体搭配的方案。如儿童用品的系列设计,要按照婴儿、幼儿、少儿、男孩、女孩的特点来表现设计的不同特点,要通过市场调研确定每一类产品的最佳配搭方案。

### 2. 设计的功能定位

产品设计要有明确的目的性和功能性。针对某一消费对象的某一具体类别的产品设计要在选材用料、产品款式造型、各种配料运用上完整地体现其功能要求。如床上用品的设计,要针对儿童、成年的睡眠需要来考虑材料运用和各种不同的规格尺寸;配件的实用,要避免因为设计选材用料的不恰当而造成对消费者的使用不便和不良影响。

### 3. 所采用的工艺技术的定位

产品设计的效果图确定之后,要对生产制作的工艺和所使用的制作技术加以确定。从原则上讲,每一种设计只有运用于完全符合的制作工艺和制作技术才能达到完美的效果。但是在设计定位时也要考虑到企业的实际生产条件与各种工艺技术的成本因素。要在这几方面的综合考虑中找到一种最为合理的设计方案。

### (五)提炼品牌核心价值

品牌的核心价值的提炼,必须进行全面科学的品牌调研与诊断,提炼高度差异化、清晰的、明确的、易感知、有包容性、能触动和感染消费者内心世界的品牌核心价值。一旦核心价值确定,在传播过程中,就要把它贯穿到整个企业的所有经营活动里。

### (六)建立有竞争的品牌构架

品牌架构就是回答一个企业需要多少个品牌、品牌之间是什么关系这两个问题。品牌架构贯穿在公司的整个市场策略之中。品牌是一种无形资产,资产若没有有效的运用,它就不可能继续增值。

品牌架构的三种类型:第一种是多品牌架构;第二种叫做背书式品牌架构;第三种是单一制品牌架构。

怎样才是有效的品牌架构?它必须将组织表述成十分独立的个性。一般集团公司会面临一个两难问题:从子公司角度讲,一个集团公司成立后,旗下的子公司被放在集团公司之下,好像没有办法被人注意;从公司的角度来讲,它希望每个子公司都能够为集团做出贡献。有效的品牌架构,能够将整个大组织表述的非常清楚,而且是面向市场,能够自我说明,不用别人介绍,就能够将一个公司组织理念表达的十分清楚。

### (七)品牌识别系统

构建品牌识别系统是以品牌核心价值为中心规范品牌识别系统,使品牌识别与企业营销传播活动的对接具有可操作性。品牌识别系统要使品牌识别元素执行到企业的所有营销传播活动中,并且能够演绎和传达出品牌的核心价值以及品牌的精神与追求,确保企业的每一次营销广告的投入都为品牌做加法,从而为品牌资产作累积。在构建品牌识别系统的同时,还要制订一套品牌资产提升的目标体系,作为品牌资产累积的依据。如麦当劳的"M"形标志,我们随处所见,特别醒目,你会被它的"M"字所吸引,当你走到麦当劳餐厅里面时,"M"形无处不在,小到纸巾、杯子,大到招牌、墙报,无形中给你视觉的记忆;同时,它们在进行互动促销活动时,你同样感受到"M"形的存在,随处可见。当然,品牌识别系统包含许多元素,不是标志的简单重复;麦当劳公司不但是品牌识别系统执行到位的典型代表,而且是我们学习的榜样。

## 二、实施品牌产品设计方案

品牌产品设计不同于某一具体产品的设计,其根本区别在于:品牌产品设计的目的是要体现包含在产品之中的品牌核心价值。品牌产品设计开发计划的实施分四个步骤进行。第一要导入品牌设计的概念;第二要落实产品设计项目指标与设计要求;第三要组建实施设计计划的机构,分别进行设计制作;第四要加强品牌设计的管理与维护。

### (一)导入品牌设计概念

导入品牌设计概念主要是将品牌战略所规划的内容具体化为可操作的设计表达,也就是将概念性的东西变为设计的实际行动。在这里要求高级设计师运用创造性思维与设计手段来实现品牌总体概念和战略目标。一个具体的产品品牌需要向社会公众和广大消费者传达一种信息。这个信息包含了品牌的文化、品牌的核心价值以及为消费者认可的特殊价值等方面,设计师在具体设计某一系列产品时要把这些因素融入产品设计之中加以体现。如时尚的家纺品牌在总体概念上需要向社会公众和消费者传达一种时尚生活的理念,而作为品牌产品策划的设计师要能够敏感地抓住时尚潮流,将各种时尚的概念元素与设计元素结合在一起,运用创造性思维和手段设计出具有时尚感的家纺产品,使品牌的核心价值得到体现。总的来讲,导入品牌设计概念要从以下几方面入手。

#### 1. 体现品牌设计的核心价值

核心价值是一个品牌却别于其他品牌的根本点。如何在产品设计中使品牌核心价值得到体现,需要设计师发挥其设计智慧。产品形象的整体设计能够让人一目了然地识别与同类品牌的最大不同点与特色,在消费者中树立口碑。众所周知的"可口可乐"与"麦当劳"的品牌形象设计,无论是造型和色彩在公众当中都是有口皆碑、妇孺皆知。当然产品品牌的核心价值不仅是在形象设计方面。也包含在产品的功能性与实用性方面。一个优秀的品牌应该有一个突出的卖点,也就是其特殊的功能性和实用性在产品设计中的体现。如床上用品在保健方面、在方便拆洗方面、在符合人体舒适性和审美方面的独特功能性的设计;窗帘产品在整体装饰、便于开合、便于洗涤、遮光、悬垂感和免烫等方面的独特功能性等方面。产品设计中把握了产品的核心价值和独有的特性,就使产品设计有了灵魂。

#### 2. 体现品牌设计的配套性与延伸

品牌产品设计要有一个完整的形象才能构成为品牌体系。在导入品牌设计概念时,要分别对构成产品系列的各个组成部分进行分析研究,确定其共有的本质特征,然后通过配套设计的方法使各个组合部件形成系列配套。家纺整体配套可以理解为整体设计风格的协调性,也可以理解为各种设计手法和材料、色彩、工艺综合运用所表现的对比与调和的关系。严格意义上讲,品牌与品牌之间存在一定的界线。一个品牌与另一个品牌在部件的组合上是不能混淆的。否则,品牌的独立价值就消失了。因此,配套设计必须要体现一个不容混淆的设计概念,不能任意拼凑和随意搭配。

品牌设计以系列化的方式进行。每一个系列化产品必须随着时间的推移而不断地延伸，但是品牌延伸设计不能完全改变原品牌为消费者认可的核心部分，改变了核心部分就不再是原有的品牌了。品牌延伸在搭配的各个组成部分可以按发展和变化的需要做出必要的调整，这种调整要从总体上延续品牌的一贯风格，使其更好地满足消费者的需求。在功能性与实用性上，品牌的设计也要与时俱进地改进，但是作为品牌特有的价值取向要保持一致性，这样才能使产品品牌设计具有强大的生命力。

### 3. 体现品牌的文化内涵

一个品牌能够经受时间的考验而长盛不衰，其根本原因在于蕴涵在品牌之中的文化传承。导入品牌设计的概念就是要提炼出品牌文化的精髓并贯穿于产品设计之中。家纺品牌文化与家居文化是紧密联在一起的。而作为家纺布艺的软装饰，在文化传承上发挥着极其重要的作用。家纺产品设计要体现品牌文化内涵的关键在于把握品牌文化的象征功能。家居文化和家纺软装饰文化代表了某种生活方式的延续和发展。在产品设计中，要以各种图案、色彩、工艺、材质的运用将产品的文化内涵表达出来，这对于设计师来讲也是设计智慧和设计才能的表现。

文化对于消费者而言是一种氛围或一种生活体验。设计师把握品牌文化的要点是以色彩的文化象征性、图案的象征性以及材料肌理的感受组合成一个视觉的空间，让消费者能够在这种特定的空间种种感受到某种文化的象征意义。如在法兰克福家纺展和巴黎家居展中，很多国外的品牌展位在展位设计和道具、灯光、产品的综合运用上营造出各具特色的文化氛围，让参观者强烈地感受到品牌文化的视觉冲击力。

### （二）确定设计项目与设计要求

实施品牌产品设计开发计划要确定产品设计的项目和设计要求。确定设计项目内容为：产品类别和销售对象、面料开发设计、辅料运用设计、成品款式造型设计、综合效果和缝制工艺设计、形象设计和包装设计、展示设计等。根据品牌战略的要求，首先要明确本品牌的产品属于哪一类产品。家纺产品类别很多，一个品牌只能选择自己擅长的某些类别产品来做。每一类产品都有特定的生产制作要求和设计要求，只有明确了自己的主攻方向才能提出明确的产品设计要求。在确定设计项目时，要求把品牌的设计理念分解为具体项目的设计要求。现以豪华九件套床品系列设计计划为例。

### 1. 产品类别和定位

该产品名称为豪华九件套床品系列设计。产品定位为高档豪华型床上用品系列，风格定位为欧式经典风格；销售对象面对大中型城市高收入人群、企业经营者和各类高管人员。产品设计要求品质优良、选材用料上乘、做工精细、配件和辅料配搭完美协调、色调与纹样配搭高贵优雅、缝制工艺精致、技术含量高，体现出欧洲宫廷式的贵族气派。

### 2. 面料开发设计

根据产品的品牌定位，选用优质真丝混纺、精梳棉为原料的提花或印花、绣花面料。在面料的图案和纹样设计上,运用巴洛克或洛可可式经典纹样素材、花卉图案以维多利亚风格的花卉为主;色彩运用上,采用内敛、含蓄、中性色为主色调,如深浅咖啡色、白色、米色、深浅紫、灰、酱红等色系;工艺运用上,以细特高密的大提花布配以丝线绣花、高目数珠光圆网印花等各种工艺的综合运用表现面料高档效果;在前后处理工艺上,要求丝光、轧光、抛柔、抗皱以及各种特种处理方法。在主花面料设计上,要求按被面、床单、床罩、尺寸定高定宽;在配花面料设计上,要求按各种型号的床裙边、枕头、配料排版制作。

### 3. 辅料运用设计

根据豪华型产品的设计定位,在辅料设计方面,按照床品款式设计要求定做各种辅料,如填充类辅料采用蚕丝、化纤等;其他辅料如花边、纽扣、拉链、蕾丝配件等也要求量身定做,力求每一个配件与辅料精工细作,一丝不苟,与整体产品设计风格达到完美统一。

### 4. 成品款式设计

床上用品的款式设计集中反映出整个产品的外观风格。在款式设计上要把握造型、比例、尺寸等适合人的睡眠和起卧、铺设等的功能性。九件套产品在设计要照顾到每一件独立产品的特点和它们在组合上形成的整体统一效果。在造型上要兼顾产品的长短、方圆的比例关系和色彩、加工工艺对比协调的关系。成品床单设计可选用高密提花贡缎织物或珠光印花织物;床罩设计可选用蚕丝与粘胶丝为原料的锦缎织物加上绗缝加工工艺;被单设计可选用丝光嵌金银丝印花面料加工。豪华九件套产品一般用在1.8m或2m宽的大床上,所以款式设计一定要大气,表现豪华气派。

### 5. 综合效果与缝制工艺

在床品制作前,可以用电脑制作模拟产品综合效果,即将面料与辅料输入电脑,按照九件套床品整体陈列的模块贴图,制作出产品模拟效果图。模拟效果图能够事先反映出整体产品设计是否达到产品风格定位的要求,也便于按照设计的总体理念进行不断地调整和完善,并最终达到预想的效果。在制作模拟效果图时,要表现出产品各种缝制工艺的综合运用,如拼接、绗缝、打褶、包边、镂空、压皱等。

### 6. 产品形象设计和包装设计

产品形象设计要向公众与消费者传达品牌的基本概念,是品牌识别系统的体现。形象设计内容包括产品品牌的商标和形象标志设计、招牌设计,户内、户外的广告宣传牌设计,各种字体和符号的设计色彩形象设计以及商品包装和标签设计等。所有的设计项目最后汇总,制成产品品牌形象手册。

产品的包装设计对传达产品品牌理念具有至关重要的作用。按照豪华型床品设计的要求,在包装材料的选用、造型的尺寸和比例的设计、包装外观的色彩图案设计以及商标、标志设计上都要求用同一的欧式风格来完成,要能够一目了然地让顾客和消费者识别产品的品牌。

### 7. 展示设计

床上用品的展示设计是给整个产品系列提供一个协调、统一的展示空间,也可以说是提供一个走秀的舞台。豪华九件套床上用品要表现其高贵品质,需要在空间设计上注重塑造欧洲宫廷的氛围,要在灯光照明、家具、天花、墙面、地面铺设和各种软包上集中体现出产品设计的主题。

### (三)组建设计团队和设计运作

#### 1. 建立设计团队

品牌产品设计方案的计划和实施是一个系统工程,需要企业内各方面的通力配合与协作。由于品牌产品的设计计划的实施涉及面比较广,实施品牌产品设计计划要有统一的指挥和各部门的分工合作,因此,需要组建品牌产品设计的团队来负责设计计划的实施。

一个设计实力雄厚的企业可以在内部组建品牌设计运作的团队。设计力量薄弱、规模小的企业也可以通过与各协作单位的合作共同完成产品设计开发任务。

品牌产品设计的个性化特征需要靠设计师的创造力和独立思考来实现,但作为一个品牌设计整体规划的实施由于涉及面广、项目多的原因很难由单个的设计师来完成,而必须依靠团队的协作实现。解决这一矛盾的要点是要建立有效的实施系统,使参与设计实施成员明确总体目标与各自承担的责任和设计要求。

#### 2. 设计运作方式

实施各个项目的设计计划要进行统筹规划,做到有条不紊。每一个项目的设计要成立设计小组并且有专人负责设计任务的实施和检查。项目与项目之间的设计与衔接可以交叉进行,也可以分阶段实施。高级家纺设计师要按计划要求把握好设计的总进度,分阶段的实施指导并且对设计的每一个阶段的各个项目设计结果做出总结和评价。

高级家纺设计师在实施计划时必须全程跟进,对每一项目的设计实施进行把控,既要发挥每个设计者的独立思考与独立设计的特长,又要掌握好设计的总方向和检验设计的最终效果并及时提出修改意见。

### (四)品牌产品设计管理与维护

品牌产品从设计方案制订到设计计划的实施知识完成了其战略目标的第一步。一个家纺品牌不可能在一次规划之后就能一劳永逸地建立起来。要想使品牌产品能够健康持续的不断发展,需要从根本上建立起来品牌设计的管理架构。设计管理架构的任务有以下几项。

#### 1. 设计监督

品牌管理部门要对整个的品牌产品设计工作实行监控和检查,并且对最终效果做出评估。

#### 2. 指导意见

品牌管理部门要针对品牌运作中的情况和问题提出改进的意见和建议。

#### 3. 组织协调

品牌管理部门要协调设计与生产制作、销售等各部门之间的关系。

#### 4. 设计更新

品牌管理部门要根据市场变化和品牌产品设计的拓展需要提出新一轮设计要求。

#### 5. 资料建档

品牌管理部门要对品牌设计手册和各种设计资料进行建档和管理。

### 6. 品牌维护

品牌管理部门要对品牌的运作进行维护,内容包括品牌形象的维护、品牌价值的体现、品牌延伸和发展、品牌的更新以及品牌的服务等。

### (五) 国内外家纺品牌定位实例

近年家纺市场的竞争使得各家纺企业纷纷在产品设计上倍下功夫,在生产工艺方面已向综合工艺发展。如在原有的传统印染面料或色织布的基础上再加刺绣或绗缝工艺,或在补花工艺上再加雕刻工艺和刺绣工艺,或拼缝工艺加绗缝工艺等。人们的审美倾向随着生活质量的提升发生了很大的改变,世界变得更加多元化之后,家纺行业也随着人们生活方式的改变而向着更加时尚化发展。产品的多样化选择催生了多样化的产品,同时也催生了多样化的工艺选择和多元的产品搭配,使现代的居室空间软环境整体设计成为设计师与客户共同参与的个性化展现的平台。在这种情况下,品牌的定位更显得十分重要。突出企业优势和保持企业产品特色是品牌定位的重要组成部分,同时还需注重和把握市场需求变化和流行趋向,在保持产品品牌风格的基础上勇于创新。正如马修·赫利(英)所指出的"大品牌从不改变,却又时刻变化。吸引消费者的核心———一个品牌的含义和价值,它遵守的承诺,给予顾客的满意——应该始终如一,让消费者长期信任,使其保持对这一品牌的忠实度"。另一方面,产品"只有通过改变,一个品牌才能保持自己在消费者心目中永恒不变的地位并与消费者自身的改变保持一致"。

一个品牌持续保持主流相对稳定的设计风格和客户群定位,是品牌持久发展和稳定的重要因素之一。因此作为决策者,把握好企业品牌定位十分关键,需做好周密的市场调研、流行趋势分析、企业自身优劣势分析,其他品牌产品特色分析,找出市场需求的错位差,做出企业长远发展规划,其目的是保持自己品牌的特色定位,赢得更多稳定的客户群,以期长久占领市场和领先于行业之首。

Marimekko 公司是一家以印花为主导的纺织品和服装设计公司。该公司设计制造并且销售优质室内装璜纺织品、衣物、袋子和专属的其他物品,该公司的产品都烙有其特有的印记,即 Marimekko 特色。在芬兰、瑞典和德国,Marimekko 都有它自己的零售店。商店包括以关键字 Marimekko 公司形象展示自己品牌的产品。它们是 Marimekko 显示其广泛的产品范围和说明其理念与具体实例和生活方式的陈列室式的商店。(图 2 - 52、图 2 - 53,见彩图)

Marimekko 商店是拥有由独立零售商经营的商店,根据 Marimekko 生活方式概念并且运载一种全面选择所有 Marimekko 商品的商店。除自己的商店和概念商店销售之外,Marimekko 的产品还通过其他零售商在百货商店进行销售。Marimekko 以自己独特的展示和销售风格赢得消费者的青睐,还在于它持久的良好服务意识和稳固的质量保证,以及始终保持的自由奔放的设计风格和持续不断的创造精神。该公司的管理规范而有条不紊,设计师队伍的相对稳定和备受重视等则是生产优质产品的有力保证。

我国家纺企业众多,企业需要研究解决突破家纺产品雷同的瓶颈,生产出有别于其他品牌的、有差异化的产品。保持品牌独特风格的稳定性,在此基础上坚持自主创造之路,首先要有准

图 2 – 52　Marimekko 商店

图 2 – 53　Marimekko 产品

确的品牌定位,使这个品牌更加立体化、充实化,让人们不仅仅感觉到品牌的实力,还要做出该品牌丰富的内涵,目的是使人们对该品牌建立起一种持久的良好印象和信心。因为大众在购买商品时,更看重产品的质量、品牌的信誉度以及使人满意的服务承诺。

　　不同的品牌定位会使人们感觉到产品的差异,从而产生识别意识,如时尚品牌"ELISA-BETH"。法国整体家饰有限公司(FRANCE ELIZABETH INTERNATIONAL GROUP LIMITED)成立于 1998 年,是一家集开发、生产、设计、销售于一体的国际知名企业,目前世界各地拥有 600 多家专营店,"伊丽莎白·泰丽"专用商标已被家纺行业认可。是世界上拥有较大规模营销网络的国际品牌之一。2006 年开始进入中国大陆市场。

　　该品牌的设计灵感源自于欧洲的古典气息,其定位是将欧洲文化与中国文化元素融入到家居生活的设计理念之中,使设计既体现有伊丽莎白时代繁荣的莎士比亚风格,也有中国古典与现代相融合的特点。这种多元素组合构成的设计能够在最大程度上满足使用者的需求。在色彩方面,优雅传统的法国灰、精致唯美的孔雀蓝、喜庆富贵的中国红等色彩的精心运用,配合室内整体环境空间搭配的窗帘、桌布、服饰等软装饰,营造出乡村田野风光、欧洲古典气息、东方传统的神秘风尚等(图 2 – 54)。该品牌每一处的设计都体现着文化与人的交汇,带给人们的是经典和永恒的设计主题。

　　国内的一些家纺企业在品牌定位上较有自己的特色,如罗莱、富安娜、梦洁、孚日、维科、东方刺绣等。富安娜的印花系列家纺产品,孚日的毛巾系列产品,东方刺绣的刺绣系列家纺产品等,在市场、工艺和设计风格上也都有其各自企业较明确的定位。

图 2－54 伊丽莎白品牌家纺

以"东方刺绣"品牌为例,它的名字即代表了其企业产品的本质与特色,它是以东方文化传统元素结合现代家纺设计,通过对东方元素的应用和图案设计要素的变更,在设计上独辟蹊径,以东方特有的刺绣工艺而见长的品牌。作为现代家用纺织品,它以现代纺织艺术设计的手法和中华民族特色刺绣的工艺为家纺产品增加了新的价值元素,并从中国传统"顾绣"特有的美感形式中获得设计灵感,把民族刺绣工艺与现代时尚相结合,传达出概括、凝练和高贵、民族的信息,展现出华丽美好的外观和细腻充实的内涵。

一个品牌的内涵是核心价值的体现,具有动力(研究目前形势,构想创新未来)、细节(结合企业实际,策划具体步骤)、能量(科学管理与人才合理使用),有明确的目标消费群,有活力的坚强团队,有企业自身区别于其他品牌的企业文化。企业自身所具有的这些潜质形成了企业区别于其他品牌的独特魅力所在,品牌的不同市场、消费群、设计风格等的定位,不但决定了企业的产品形象,也定格了企业未来发展的规划思路。因此,品牌的定位需要进行充分的调研与分析论证。

### 三、织物设计相关知识

根据《国家职业标准:家用纺织品设计师》的要求,高级家用纺织品设计师应掌握的实施织物设计开发计划相关知识,包括织物制织知识、技术文件审核知识以及其他共性的知识。

#### (一)织物制织知识

纺织品从生产者对原料生产加工开始到最终的成品,经历了许多工序,几乎每道工序都要有与之对应的机器分别来加工完成。

##### 1. 织前准备

家纺类织物的织前准备一般包括下列工序:原料检验、浸渍、蒸丝、络丝(络筒)、并丝、捻丝、定形、再络、整经或卷纬、浆丝(浆纱)等。由于家纺所用的纤维材料及性能不同,同时,所要得到的家纺产品的性能及风格等要求也不同,因此每种原料的织前准备具体设备与要求也不尽相同。织前准备需要采用的主要设备及作用如下。

(1)浸渍:浸渍的作用:软化丝胶消除硬簧角,使浸渍后的丝身柔软光滑,以利于络丝、加捻、织造等工序的顺利进行。针对桑蚕丝织物生产的一道工艺。

方法有手工浸渍和自动浸渍机浸渍。手工浸渍又称为缸浸或池浸。自动浸渍机浸渍包括真空浸渍机浸渍和自动浸渍机浸渍。

(2)络丝(络筒):络丝(络筒)作用:是将绞装、筒装、饼装的丝线(纱线)按下道工序的要求卷绕到筒子或簧子上的过程,即改变丝线(纱线)的卷装形式。

络丝(络筒)设备主要有以下几种:K051 型络丝机、GD001—145 型络丝机、GD001—94 型络丝机及各种精密络筒机。

棉的络筒设备主要有 1332M 型槽式络筒机、用绞纱喂入的 1332P 型槽式络筒机及各种精密络筒机。

棉纱的络筒机上装有清纱装置,原因是纺纱厂出来的纱线,一般都带有粗节、绒毛及尘屑等杂质。同时,在络筒过程中,纱线的退绕还可能发生崩纱、脱圈,所以纱线必须经过一道带有隙缝的清纱器,以对纱线进行检查与清洁。

(3)并丝:并丝是两根或两根以上的单丝在并丝机上合并成股线的加工过程。并丝设备主要有两种类型:有捻并丝机(K071 型并丝机、GD121 型并丝机、GD122 型并丝机)和无捻并丝机(GD101 型并丝机、GD102 型并丝机、DB 型并丝机)。

（4）捻丝：捻丝是对单丝或股线进行加捻使之获得捻回的工序。捻丝的设备主要有三种类型倍捻机、花式捻丝机和普通捻丝机。

（5）定型：定型俗称定捻，是捻丝后必经的一道工序。它是采用自然放置的方式或采用湿热的方式使丝线的捻度得以稳定的加工工序。

定型包括自然定型、给湿定型、加热定型、湿热定型四种方法。自然定型是指将加捻后的丝线在室温下放置一段时间，使纤维中的内应力随时间的延长而逐渐消失，从而达到稳定捻度的目的。给湿定型是让水分子进入纤维长链分子之间，扩大分子间的距离，使分子间作用力减弱，以加速内应力松弛，从而达到稳定捻度的目的。

定型设备有卧式圆筒形蒸箱、立式矩形蒸箱两种。

（6）整经：整经将卷绕在有边筒子或无边筒子上的丝线，按织物设计要求平行地卷绕成经轴或织轴，供浆丝（浆纱）使用。整经方式有分条整经、分批整经、分段整经三种，相应的方法对应三种不同的整经机。

①分条整经是将全幅织物所需的经丝等分成若干条，总经根数等于每条经丝根数与整经条数的乘积。分条整经适用于多色整经，颜色排列方便，可用较少的筒子数得到总经数较多的经轴或织轴。分条整经应用于丝织、毛织及色织布厂。

②分批整经是将织物所需的总经丝等分成几批，卷绕在几只经轴上，然后把几只经轴在浆纱机或并轴机并合成所需总经数的织轴。分批整经只适合单色经丝的整经。其优点是整经速度快，生产效率高，适合大规模生产。棉织厂广泛采用分批整经这种方法。

③分段整经是将织物所需的总经丝数等分卷绕在几只窄幅的经轴上，然后再把经轴串在一起做成织轴。分段整经在针织经编中使用较多。

（7）浆丝（纱）：浆丝是在经纱表面形成一层浆膜，改善经丝（纱）的织造性能，加大丝线（纱线）的抱合，提高经纱的耐磨性，防止起毛，降低断头率，提高织造效率，减少织物疵点。浆丝（纱）是在浆丝（纱）机上完成的。

（8）卷纬：卷纬把筒装或饼装的丝线卷绕成适合织机织造工艺要求的纡子的加工过程。卷纬是纬丝（纱）准备的最后一道工序。

卷纬设备有卧锭式卷纬机、竖锭式卷纬机、普通卷纬机、自动卷纬机。

卧锭式普通卷纬机常用于丝织、毛织、绢织的生产；棉织则常用竖锭式或自动卷纬机。

**2. 织造知识**

将准备工序制成的半成品，即经、纬两组丝线（纱线）在织机上相互交织，制成符合规格要求的织物的工艺过程。

织造是由织机来完成的。

（1）织机的分类。

①按织物原料分为棉织机、丝织机、毛织机。

②按开口机构分为踏盘织机、多臂织机、提花织机。

③按引纬形式分为有梭织机和无梭织机（剑杆织机、片梭织机、喷水织机、喷气织机）。

④按梭箱数分为单梭箱织机、单侧多梭箱织机、双侧多梭箱织机。

⑤按机械运动控制方式不同分为传统织机和电子织机。

⑥按织机门幅不同分为窄幅织机、中幅织机、阔幅织机。

不同种类的织机在某些方面具有不同性能,但不论是何种织机,都是按照基本运动形式对经、纬丝线(或纱线)进行交织而形成织物。

(2)织机的运动:织机的运动由开口、引纬(投梭)、打纬、送经、卷取五大运动组成。

①开口运动:经丝随综框按一定规律上下运动形成梭口称为开口运动。完成开口运动的机构称为开口机构。开口机构的作用是根据织物的组织要求,控制综框和经丝的升降运动使经丝分成上下两层形成梭口。

开口机构可分为三种:凸轮(踏盘)式开口机构、多臂开口机构和提花开口机构。凸轮(踏盘)式开口机构用于平纹、斜纹等组织简单的织物的织造;多臂开口机构用于经纬组织循环较大的相对复杂的小花纹织物的织造;提花开口机构用于经纬组织循环大的复杂的提花织物的织造。凸轮(踏盘)式开口机构和多臂开口机构都是由综框来控制经丝的运动;而提花开口机构是由通丝控制经丝运动的,因此每根经丝都可以单独升降。

②引纬运动:开口运动形成梭口后,将纬丝引入梭口的运动称为引纬运动。

引纬可分为梭子引纬、喷射引纬(喷水及喷气)、剑杆引纬、片梭引纬。梭子引纬是传统的有梭织机的引纬方式,它具有引纬机构简单,织物布边光洁,适应各种原料及组织的织物等优点。但缺点很多,如动力消耗大、噪声大、设备材料损耗多、易飞梭和轧梭、限制车速的提高等。喷射引纬、剑杆引纬及片梭引纬的特点是:不采用卷纬工序,速度高,能耗底,噪声小,操作安全,自动化程度高,效率高等。

③打纬运动:打纬运动是将引入梭口的纬丝(纱)推向织口,使经纬交织形成织物。完成打纬运动的机构称为打纬机构。多数织机采用的是筘座打纬机构,既依靠筘座的摆动,利用钢筘将梭口中的纬线推向织口。此类打纬机构有四连杆式打纬机构和共轭凸轮式打纬机构。

④送经运动:在织造过程中,从织轴上输送出适当长度的经丝(纱),以补偿由于经纬线交织形成织物的卷绕量,织机的这种运动称为送经运动。完成送经运动的机构称为送经机构。

送经机构按送经机构原理可分为消极式送经机构、积极式送经机构、自动调解式送经机构;按送经机构运动性质可分为间歇式送经机构和连续式送经机构;按送经机构的作用方式可分为机械式送经机构和电子式送经机构。

⑤卷取运动:为了保证织造过程的连续进行,纬丝(纱)被打入织口形成织物后,应按织物的纬密要求将织物卷绕到卷布轴上,称为织物的卷取运动。完成卷取运动的机构称为卷取机构。

卷取机构的作用是将在织口处初步形成的织物引离织口,卷取到卷布轴上,同时与织机上的其他机构相配合,确定织物的纬密和纬丝的排列特征。卷取机构可分为积极式卷取机构、消极式卷取机构及电子式积极送经机构。

**3. 染整后处理工艺**

家纺织物的后处理包括练漂、染色、印花和整理。

(1)练漂:练漂是指采用化学方法去除织物上的杂质,以使后续加工得以顺利进行。

织物上的杂质一般有两大类,一类为天然杂质,如棉、麻纤维上的蜡状物质、含氮物质、果胶、色素和矿物质等;蚕丝里的丝胶;羊毛里的羊脂、羊汗等。另一类为纺织加工过程中的浆料、油剂及沾染的污物等。

练漂的目的就是去除上述各种杂质,提高家纺织物的使用性能。并利于下道工序的加工。与此同时,练漂还可以改善或提高家纺织物的品质。

用煮漂机完成练漂。

(2)染色:染色是把纤维制品染上颜色的加工过程,是染料与纤维的物理化学的结合过程,染料最后在纤维上生成颜料使织物上色。

按染品的形态分,染色有织物染色、纱线染色、散纤维染色三种,分别由对应的染色机器来完成。

染色方法有浸染和轧染两种。浸染是将染品反复浸渍在染液中,使织物和染液不断相互接触,经过一段时间把织物染上颜色,它适合散纤维、纱线和小批量织物的染色;轧染是先把织物浸渍染液,然后使织物通过轧辊的压力,把染液均匀轧入织物内部,再经过蒸汽或热溶等处理,它适合用于大批量织物的染色。

(3)印花:印花是把各种不同的染料或颜料印在织物上,从而获得彩色花纹图案的加工过程。印花和染色都能使织物着色,但在染色过程中,染料是使织物整个全面地着色,而印花是使染料有选择地局部着色。印花时,为了克服染液的渗化而获得各种清晰的花纹图案,将染料和必需的化学药剂加原糊调成色浆,再印到织物上去。织物印花后需进行蒸化、水洗、皂洗等后处理。

根据印花设备的不同,可分为滚筒印花、筛网印花、转移印花此外,还有一种新型的印花方法——喷墨印花。

喷墨印花又称喷液印花,起源于喷墨打印机,它是目前最为经济的印花方法,印浆不需要通过另一种工具如滚筒或筛网将色浆印到织物上,而是将印浆用喷嘴喷射到织物上,花纹用数码照相机的原理,将其转化为数字,通过计算机来控制喷墨,使有花纹处喷上印浆,喷液印花机由计算机、喷嘴、烘干、织物驱动装置组成。喷墨印花设备简单,操作方便,成本便宜,是目前最具竞争力的印花方法,但由于设备原因,印制速度还很慢。

(4)整理:整理一般为染整加工的最后一道工序,它是采用物理或化学的方法来改善织物的手感和外观,提高织物的品质及使用性能或赋予织物特殊功能的加工过程。

织物整理一般在整理机器上完成。

**4.制织生产流程知识。**

(1)短纤类织物的织前准备。

①棉类家纺织物。

生织类:棉类家纺织物的织前准备可分为原料检验、络筒、浆纱、整经、卷纬。

熟织类:棉类家纺织物的织前准备,一般可按照绞丝和管纱两种纱线卷装形式来确定具体工艺。

绞丝的织前准备工艺为：原料检验、漂染、络筒、整经、浆纱、卷纬。

管纱的织前准备工艺为：原料检验、络筒、染色、整经、浆纱、卷纬。

②毛类：毛类家纺织物的织前准备可分为原料检验、络筒、并线、捻线、定形、整经、卷纬。

③麻类：麻类家纺织物的织前准备可分为原料检验、络筒、整经、卷纬。

④绢类：绢类家纺织物的织前准备可分为原料检验、络丝、整经、浆丝、卷纬。

⑤涤棉、涤粘、毛涤、混纺类及粘胶短纤类：涤棉、涤粘、毛涤混纺类及粘胶短纤家纺织物的织前准备可分为原料检验、络丝、整经、浆丝、卷纬。

（2）长丝类织物的织前准备。

①生织：桑蚕丝家纺织物的织前准备可分为原料检验、浸渍、络丝、并丝、捻丝、定形、整经、卷纬；柞蚕丝家纺织物的织前准备可分为原料检验、蒸丝、络丝、并丝、捻丝、整经、浆丝、卷纬；柞蚕丝家纺织物中的强捻织物或采用无梭织机进行织造的织前准备可分为原料检验、浸渍、络丝、并丝、捻丝、整经、浆丝、卷纬。

②熟织：桑蚕丝家纺织物的织前准备可分为原料检验、浸渍、络丝、并丝、捻丝、复摇、染色、再络、整经、卷纬。

柞蚕丝家纺织物的织前准备可分为原料检验、蒸丝、络丝、并丝、捻丝、复摇、染色、再络、整经、浆丝（热定形）、卷纬。

（3）化学纤维织前准备。

①生织：化学纤维类家纺织物的织前准备可分为原料检验、络丝、并丝、捻丝、定形、整经、浆丝、卷纬。

②熟织：原料检验、络丝、并丝、捻丝、复摇、染色、再络、整经、浆丝（热定形）、卷纬。

（4）织造：根据不同原料组合和性能、不同组织结构、不同外观及质地等要求，选择不同类型织机进行。如吸湿性强的织物不宜用喷水织机，长丝织物宜用长牵手织机；提花织物要用提花织机；床品宜用阔幅织机；色织布由于色纬较丰富，宜用多梭箱织机等。

**（二）技术文件审核知识**

产品技术文件审核是针对产品设计、开发和生产加工过程提出的技术标准和技术规范的审核。技术文件审核一般由企业决策部门和设计开发者根据市场要求与新产品设计开发和生产的实际情况提出技术标准和技术规范性文件，交由专人进行评定和论证。产品技术文件审核是企业标准化管理的重要内容。

产品技术文件审核涉及广泛的内容。依据新产品的性能和特点、生产过程以及适用性需求、产品服务等，审核文件需要相应列出有关项目进行评定和论证。总体上讲，技术审核的内容包括：该技术是否符合国家标准、行业标准以及企业内部根据产品设计和开发生产需要制订的技术规范和流程等。在这些审核的内容中，有的是硬性的指标，必须不折不扣地实行；有些是指导性指标，是要努力达到的目标。对于从事外贸经营的企业而言，技术审核的内容还应该包括对外贸易中通行的一些"指令"性的要求，否则，就会产生贸易上的纠纷而使产品无法实现销售的目的。

**1. 技术审核的硬性标准**

所谓硬性指标也就是必须执行的技术标准。这些标准中包括国家制定和颁布的法律标准中强制性的标准、行业内通用的强制性技术标准、国际贸易中通用的强制性国际标准等。我国目前已经颁布的标准性法律文件有《中华人民共和国标准化法》、《中华人民共和国质量法》、《中华人民共和国进出口商品检验法》、《中华人民共和国建筑法》、《中华人民共和国食品卫生法》、《中华人民共和国环境保护法》、《中华人民共和国大气污染防治法》、《中华人民共和国药品管理法》等,这些法律条文的内容都是强制执行的指令标准。在企业的产品设计开发与生产中,必须按法律的条款保障产品性能的安全性、环保性和相应的硬性质量标准。行业标准中有强制的内容,也有推荐性的内容。行业标准是国家标准的补充,其内容不能与国家标准相抵触。行业标准需要全行业统一的技术要求,是强制的。在国际贸易中涉及安全、卫生、环保、产品质量方面的一些通用指标也属于必须执行的硬性技术指标。另外,地方性的公开发布标准中,涉及上述内容的指标也是硬性指标。

**2. 指导性标准**

指导性标准不属于强制性执行的标准,但是对企业新产品设计开发以及生产和服务具有十分重要的意义。指导性的技术标准综合了科学、技术进步方面的成果,采用这些标准对于提升和规范企业的经营管理水平具有促进作用。另外,政府鼓励政策对于行业推广运用新技术标准,使整体水平提升也有重要意义。总体上讲,各种标准的制订和执行符合企业、商家和消费者的共同利益,代表了发展的方向,是企业的自觉行为的需要。随着标准化的不断完善和进步,很多推荐性和指导性的标准会逐步成为通用的行业标准和国家标准。

**3. 企业内部标准**

家纺企业在产品设计、开发、生产、销售以及服务方面依据整体的战略计划会制订各种相应的执行标准。这些标准并非强制性的,但对企业来讲,为了实现整体的经营目标而必须严格地贯彻执行。企业内部标准可以细化为:统一的文件格式,产品品种、规格、性能、质量的标准,产品的设计、生产、工艺流程、检验标准,包装、储运要求;产品的使用与维修标准,产品各个零部件的技术指标,产品的要素组合的要求等。总体上讲,企业内部标准是企业协调、统一企业管理、技术生产工作所指定的标准。企业标准贯穿于企业整个的生产经营活动的全过程。企业标准对于企业的管理人员、设计开发人员、工艺技术人员、产品检验人员和销售人员都做出了明确的要求与规定,有相应的约束力。

**(三)技术审核文件的制订程序**

**1. 制订技术审核计划**

企业内部的技术审核计划是根据企业阶段性发展要求和新产品设计开发需要提出的,如企业的 ISO 质量论证系统、高新技术发展规划等。技术审核的首要工作是项目确定。在提出审核项目时,要充分地对项目进行研究和论证,要对审核的项目工作范围、构成内容、相互关系予以确定。按照每个项目的具体内容可以组织相应的项目标准工作组。工作组的任务是收集系统资料,进行广泛的调查研究,以确定项目执行标准的必要性和可行性。每一个项目都要确定相对应的技术标准。

### 2. 起草技术审核文件

技术审核文件按其审核项目内容不同而采用不同格式。在家纺企业内部,围绕企业生产和新产品设计开发的有关技术文件主要有:国家标准与行业标准的实际贯彻执行,企业的新产品设计试制可行性论证,新材料、新技术与新工艺的推广运用论证,质量保障体系的论证,企业技术发展规划的论证。

制订技术审核文件要明确行业技术标准与企业内部的工艺技术规程的相关性,要明确主管部门承担的主要职责和技术岗位的责任。具体讲,某一企业新产品设计开发的性能和各项指标,工艺规程,技术标准、质量检验标准等项目要求明确提出其审核标准选用的类别,各部门执行的要求,最终应该达到的指标等。

### 3. 征求各部门的意见

技术文件的草稿完成以后要广泛征求各部门的意见,以确定各项标准的可行性。制订各项标准的原则是对内规范企业内部的行为,统一技术管理;对外要保障消费者的利益和得到内外贸检验部门的认可。因此,要通过广泛征求意见的方式,使文件的制订能尽量符合各方面的实际情况,达成统一的思想认识。

### 4. 技术文件的审核

企业内的技术文件的审核按其类别和性质不同采用不同的审核方式。需要报上级有关主管部门审核文件,在拟定文件正文、相关附件和补充材料以后呈报上一级机关审核批准。由企业内部掌握的技术管理文件可以委托有关机构和聘请专家予以审核。企业内部也可以成立专门机关负责审核技术文件。所有技术文件的审核要有报送的单位和部门、审核的内容和具体项目、关于使用标准的说明材料、各种附件和补充材料、报送日期和批准单位、批准部门与批文内容。

### 5. 技术文件的颁布与执行

对于经过修改通过的正式批准的技术文件,由主管部门颁布后执行。颁布技术文件要注明时间和文件的内容、负责执行的部门和责任人,技术文件实施的要求与细则。

## 四、印染图案设计相关知识

### (一)印染机台设备和工艺技术运用

高级家用纺织品设计师在实施印染图案设计开发计划过程中,要求能够按照产品设计整体的风格来选择和确定印花的方式、工艺要求以及制版方法,在本套教材《家用纺织品设计师》中已就有关印染方式和工艺基本知识作过介绍。作为高级家用纺织品设计师,要求对产品的研发和实际制作的全过程作出相应的规划。

### 1. 印花方式和机台设备

家用纺织品印花生产常用印花方式有筛网印花、滚筒印花以及热转移印花。目前,家用纺织品也有部分采用数码印花方式。其他的印花方法,如木模板印花、蜡缬(即蜡防)印花、纱线扎染布印花和防、拔染印花,在家用纺织品生产上很少使用。筛网印花方式分为两类,其中有手工台版印花与自动台版印花,而自动台版印花又有平网、大平网、圆网印花等。(图2-55~图2-57)

图2-55　圆网印花设备

图2-56　热转移印花设备

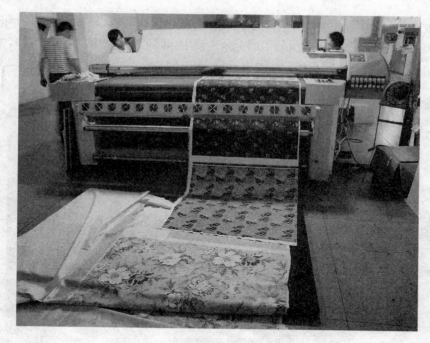

图 2 - 57　数码印花设备

　　各种印花方式的更新和印花设备的研制都是印染技术进步和产品设计发展的产物,每种方式都有其一定优势和局限性。高级家用纺织品设计师在选择和确定某种印花方式时,要扬长避短,综合考虑企业的实际情况,花型设计的特定要求,产品的规格、批量、成本的核算等因素。如手工台版印花方式适合成本低、批量小、打样快、花型设计简练的产品生产方式。辊筒印花方式适合门幅窄、套色少、花型精致、大批量的产品生产方式。大平网印花方式适合门幅宽、回位大、独幅产品的连续生产。

　　热转移印花方式适合化纤类产品花型设计复杂多变的产品生产、数码印花方式适合新产品试制中花型表现技法特殊,不受色彩限制的试样和小批量生产。而圆网印花方式则是最普遍、最广泛运用的、兼容性较强的一种印花生产方式。概括地讲,制订产品开发计划要根据上述机台设备的特点来选用某种设备。

　　2. 印花工艺及运用

　　时尚的家纺流行理念和创意设计是推动印花工艺技术进步的动力。印花新工艺和新技术的推广运用又反过来促进设计创新和新的时尚潮流,它们之间形成一种互动关系。目前,印染行业在技术创新的过程研发出的印花新工艺已经广泛地应用于家纺产品的制作,使家纺产品出现多姿多彩、风格各异的新局面。印花新工艺促成了家纺产品新风格的形成。现代家纺设计将更多地依赖印花工艺来实现其最终效果。

　　在本套教材的中级部分已就有关印染工艺类别作过介绍,高级家用纺织品设计师在实施印染图案设计开发计划过程中,要求能够按照产品设计整体的风格来灵活运用各类印花的工艺,以体现产品最佳效果。另外,印花工艺运用与面料的原材料使用和织制方法密切相关,因此在实施产品开发时,也要将材料和工艺结合起来考虑。

　　家纺印花工艺分为传统印花工艺与印花新颖工艺两大类。传统印花工艺主要是指直接印花与防拔染印花方法。直接印花工艺的运用要根据织物的纤维性质、图案特征、染色牢度要求和设备条件而定,最重要的是从产品设计所要体现的风格特征来确定。如棉与化纤混纺面料的印花可以采用涂料直接印花方法,也可以采用活性或分散染料直接印花方法,也可以采用两种染料同浆印花方法,这要视最终效果而定。如果是烂花印花,可以在印棉面料时用涂料或活性染料发泡浆料,印涤面料时用分散染料,产生一种透明与不透明的两色对比效果。直接印花工艺也要考虑选用不同的设备,如使用筛网印花设备、热转移印花没备或数码印花设备等。(图2-58~图2-63)

图2-58　涂料直接印花工艺实例

图2-59　活性染料直接印花工艺实例

图2-60　分散染料直接印花工艺实例

图2-61　烂花同浆印花工艺实例

图2－62　热转移印花工艺实例

图2－63　数码印花工艺实例

　　印花新颖工艺近几年来开发的品类繁多，多数已在家纺产品制作中运用，极大地丰富了家纺产品的设计方法和表现力。常用于家纺产品生产制作的有金银粉印花、发泡印花、钻石印花、珠光印花、烂花印花、泡泡印花、植绒印花。印花新颖工艺的选择和运用同样要从产品设计所要体现的风格特征来确定。

　　印花新颖工艺的选择和运用还要考虑其色牢度和实用功能性，不能随心所欲地滥用，以防产生适得其反的效果。如床上用品类产品的设计要考虑其使用功能的透气性、吸湿性、耐洗性和柔软舒适性，有些印花工艺不宜用于床品设计上；沙发面料和家具布要考虑其使用功能的耐磨性、耐脏防污性和坚牢度，因此也要审慎地使用各种印花新颖工艺；窗帘布艺在新颖工艺的运用方面限制性较小，主要考虑其功能性方面的手感滑爽、悬垂感。（图2－64～图2－71）

图2－64　金粉印花工艺实例

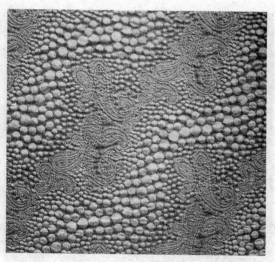

图2－65　发泡印花工艺实例

图2-66　钻石粉印花工艺实例

图2-67　珠光粉印花工艺实例

图2-68　烂花印花工艺实例

图2-69　胶浆印花工艺实例

### 3. 印花工艺与其他工艺的综合运用

时尚的家纺设计风格更加强调各种材料和各种制作工艺的综合应用,它表达了一种综合对比的审美趋向。如大提花工艺与印花工艺的综合应用、植绒和烂花工艺的综合应用、提花加烂花加转移印花的多种工艺综合应用、提花加印花加绣花工艺综合应用等。多种工艺的综合应用是为了使产品取得更为丰富的对比效果,但也要防止为运用新工艺而滥用新工艺,使产品缺乏统一效果。(图2-72~图2-75)

图2-70　胶浆印花工艺实例

图2-71　烫金印花工艺实例

图2-72　大提花工艺与印花工艺的综合应用

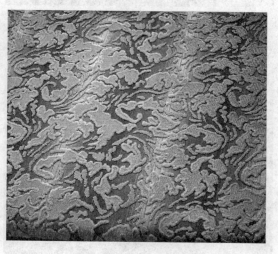

图2-73　植绒和烂花工艺的综合应用

图2-74　提花加烂花加转移印花的多种工艺综合应用

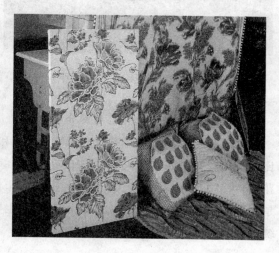

图2-75　提花、印花和绣花工艺综合应用

**（二）印染家纺产品整合设计概念**

在本教材的有关章节已经涉及家纺产品整合设计的内容。高级家纺设计师的职业功能主要围绕印染面料开发设计方面的整体配套性和系列化展开，其中涉及印染产品面料在材料选用、工艺运用上的设计整合，家纺印染产品成品构成的各个要素的整合，家纺印染产品各个部件设计风格的整体统一性等内容。

**1. 印染面料在材料选用、工艺运用上的设计整合**

印染产品设计不单是花稿的设计，还包括面料在材料选用、工艺运用等内容。设计师在设计花稿之前要考虑家纺产品的实用功能性。要对印染坯布的原料、织造方法、布面幅宽、印染前后处理方法、印花工艺选用进行综合考量。以床上用品为例，设计师首先要考虑床单、被子、床罩、各种枕头的面料在纱线线密度、原料、经纬密度、织造方法、幅宽等方面的选择运用。坯布种类确定以后，要根据不同坯布原材料的性质确定印染的前后处理工艺，然后按产品设计要求考虑使用何种印花工艺进行制作。设计师在具体设计花稿时，还必须考虑花稿的经纬向位置、排列方法，成品裁剪、拼接的方法和制版的要求。床上用品的花稿设计要系列化，一般主花为 A 版，辅花分别为 B 版、C 版和 D 版。各个花版要从用途出发考虑其排列方法、尺寸大小、套色等。（图 2－76）

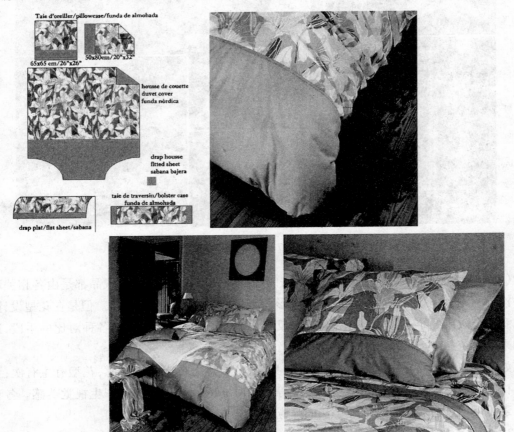

图 2－76　欧洲流行床上用品设计参考

**2. 印染产品面料构成的各个要素的整合**

构成印染产品面料构成的要素包括印染产品面料材质的物理、视觉肌理效果,面料纹样、色彩、表现手法的综合效果。产品设计要以最终效果为出发点,所谓要素整合是指对整体效果有重要影响的各个关键部分的整合。构成印染产品的要素整合,主要围绕印染产品所表现的最终总体效果来讲。

（1）印染产品面料材质的物理、视觉肌理效果:印染面料材质和肌理效果主要体现为两方面:一是面料材质本身所具有的肌理效果,如麻和仿麻织物、丝和仿丝织物、绒布和植绒布、磨毛布、嵌金银丝织物等都具有物理的肌理感观（图2-77）。二是通过印花底纹处理产生的视觉肌理效果,如仿木纹、水纹、石纹、树皮、兽皮纹处理等（图2-78）。

图2-77  面料材质肌理

（2）印染产品面料纹样、色彩、表现手法的综合设计:各类印染家纺成品都是由各相关联的部件构成的一个完整体,必须做到纹样、色彩、表现手法的整体统一、协调。但是在花型设计时,要注意综合效果的统一并非是单一化。相反来讲,花型设计要充分运用各种对比的手段,通过对比来达到统一。

如一套窗帘产品在内帘、外帘、帘头、帘身、配件设计上要求有层次感,花型有主有次;要有不同材料的搭配,与主花、辅花、条纹、边花等各种对比因素的应用才能产生视觉美感。各种对比因素可以通过色彩、款式、处理手法的呼应达到统一、协调。（图2-79）

**3. 印染产品设计风格的整体统一性**

印染家纺产品整合设计的最终落脚点是追求产品设计风格的整体统一性。印染产品的风

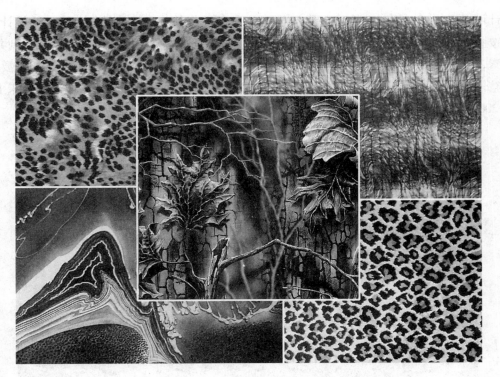

图 2 - 78　印染面料肌理

图 2 - 79　印染窗帘产品设计实例

格设计可以围绕不同系列产品的主题定位来展开,可以将某一种风格具体化为一个设计主题,然后按主题的意念来演绎每一个组成部分和每一细节。演绎某一风格的关键点是找到共同设计要素,如特有的色彩的搭配、特有的纹样符号、特有的处理手法、造型要素、工艺加工要素等,要在整体产品的各个组成部分恰如其分地将这些要素加以运用。下面是深圳富安娜床上用品公司2008年秋发布的系列配套产品设计案例。(图2-80,见彩图)

图2-80　富安娜公司2008年秋发布的系列配套产品设计

**(三)印染产品市场定位、功能定位、技术目标定位知识**

印染产品的市场定位、功能定位、技术目标定位等要根据印染企业的实际情况和实力来确定,其基本内容与织物产品和绣花产品的定位相同,可相互参照。

**1.印染产品的市场定位**

印染类的家纺产品在市场上覆盖面最为广泛,由于其局限性小,可以满足不同年龄、不同类别、不同层次的消费者需求。因此,可以最大限度地细化目标市场,以多元化风格和差异化设计确立品牌形象。印染产品在市场定位中要注意不同档次产品和不同风格的产品所面对的消费群体。如罗莱、梦兰、富安娜等品牌以一线城市消费者为主体,而多喜爱等品牌以二线城市为自己的主攻方面(图2-81、图2-82)。

图 2 - 81　富安娜床品

图 2 - 82　多喜爱床品

### 2. 印染产品的功能定位和技术目标定位

家纺产品功能性涉及方方面面,都与印染工艺技术息息相关。从宏观上讲,低碳、环保是印染技术发展的总方向。家纺产品的实用功能性包括整体的审美功能、遮掩覆盖功能、柔软舒适功能、保温保健功能、防污易洁功能以及各种特殊功能。印染产品的功能定位和技术目标定位是要根据目前的印染生产技术条件对应家纺产品的实用需求有针对性的开发家用纺织产品。印染技术目标定位还包括印染新工艺和新技术的开发应用,如防尘、防螨、除菌、除污、阻燃、防辐射等。这里讲到的针对性是具体到某一类或某一种产品而言,产品设计和开发在满足功能性方面不可能面面俱到。一类产品在其功能性上要突出最主要方面,如果要体现所功能则会造成生产成本太高、生产流程太长且生产条件不具备的困境。印染类家纺产品每一类都有相应的硬性和软性技术指标,开发和生产某类产品必质按指标要求来确定相应的工艺技术,至于产品本身的功能性要求要根据企业的经营目标来确定。很多产品的工艺技术定位和功能性特点就是产品的突出卖点。有关制订和实施印染产品设计方案的方法、步骤,可参考本节一、二相关知识点的内容。

### 五、绣品设计相关知识

根据《国家职业标准:家用纺织品设计师》的要求,高级家用纺织品设计师应掌握的实施绣品设计相关知识包括绣花机台新设备、新工艺开发知识,技术文件审核知识以及其他共性的知识(技术文件审核知识在织物设计部分已经介绍,故不再重复)。

#### (一)绣花机台新设备、新工艺开发知识

现代科技发展迅速,数码全自动绣花机已经被广泛应用,要掌握现代家用纺织品设计的主动权,就要掌握和深入挖掘新设备的潜力,研究新工艺的开发利用。

现在许多家纺企业已具备应用现代加工设备大量进行生产的能力,大型数码全自动刺绣设备已被较广泛应用于家纺产品的生产方面。作为进行新产品开发的设计师,必须了解和熟悉现代生产加工工艺及技术,熟悉现代设备的加工功能特点,并能够把绣品图案设计与现代刺绣设备的功能结合起来,充分挖掘新设备性能的优势,设计出既独特新颖又可在现代化数码刺绣机上实现的创新设计。

目前,在国内的许多家纺企业都拥有现代数码全自动刺绣机,只是品牌不同、型号不同。各种不同机型的刺绣机其性能是有差异的,可分别加工生产不同效果类型的各种产品,如平绣机、混合式特种绣花机可以进行平绣、锁链绣、毛巾绣、盘带绣、亮片绣等多种效果的刺绣。

随着纺织品 CAD / CAM 技术的广泛运用,家纺电脑绣花机也不断地向着多品种功能的方向发展。绣花机的开发为家纺产品设计和开发提供了更多的空间。

#### 1. 绣花机硬件配置

绣花机的硬件主要包括机型、绷架、机头、机针等。由于绣花产品的品类繁多,而且绣法和针法多种多样,因此绣花机的硬件配置也要按生产的需求进行设计。在家纺产品设计与开发时,要按产品设计的类别和用途,各个产品部件的组合关系选用不同的绣花机型和配置方法。

(1)绣花机的类型:绣花机的种类可以按机头类别(平缝绣、锁链绣、毛巾绣);机头数量;机

针数量和绷架型号来区分。目前,家纺行业使用的电脑控制绣花机有单头或多头平板式绣花机、单头或多头混合式绣花机、圆筒式绣花机、成衣式绣花机和缝衣机式绣花机等。平板式绣花机一般用作批量生产的绣花缝纫上,既可作大门幅的绣花生产,也可以进行小幅单件产品的连续生产;圆筒式绣花机一般用作单件形状带弧形的产品生产;成衣式的绣花机型适合做单件成衣或家纺配件类产品的生产加工;连续布匹式的绣花机可以进行宽幅布如沙发面料、被单、窗帘等产品的连匹生产。混合式的绣花机是在这些机台上通过增加特定的装置后进行一些特殊效果加工生产的机台。随着新产品设计开发的需要,绣花机可以通过设备改造,生产出加工需要的各种机型,如独立的缝纫式绣花机、特殊加工的绣花机等。(图2-83)

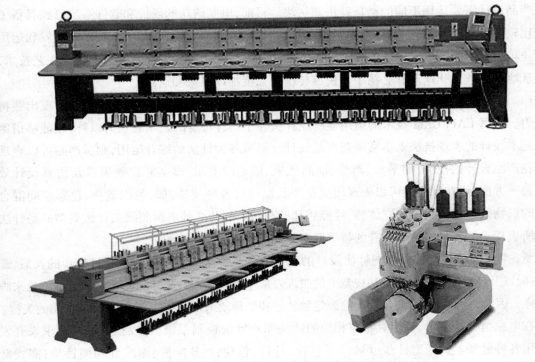

图2-83 不同类型的电脑绣花机

(2)绣花机绷架的配置:每台不同型号的绣花机都配有相应的绷架,绷架的规格、尺寸、大小、形状各不相同。绷架的作用是固定绣花产品,并按照绣花软件的指令移动。开发家纺产品要按产品的类别和用途来选用不同型号的机台和绷架。一般窗帘布和家具布采用连匹的机架,独幅被面采用大型平板绷架,各种小件产品和配件、辅料产品可按需要选择相应的小型绷架。

(3)机头配置:每台不同型号的绣花机配置有型号不同、数量不同的绣花机头,绣花机头有平缝绣型、毛巾绣型、锁链绣型等。每台绣花机的机头数有单头或多头的区别,绣花机头最多可达到32头。机头的配置也是按产品生产加工的需要来确定的。家纺产品在选用不同型号、不同数量的机头配置时,要考虑产品花型与回位的大小、门幅的宽窄以及生产的速度与产品的特定要求。

(4)机针配置:每一机头在机针的配置上的数量是不等的。机针配置有单针和多针之分,最多的配置可达到12针。在配色上,也有单色和多色之分。在产品设计和加工时,要考虑哪种配置适合生产哪一类产品，一般难度大、要求高的产品采用多针、多色配置，而从成本角度考虑也可以采用简单配置。

（5）绣花机的特殊配置：在电脑绣花技术不断更新的情况下，绣花机通过改良配置，增加一些特殊装置，使其成为混合式特种绣花机。混合式绣花机集平绣、锁链绣、毛巾绣的功能于一体，具有非常丰富的表现力，能够从事各种特殊的绣花生产加工，如带绣、绳绣、贴布绣、珠片绣、雕孔绣、植绒绣、挖空绣、绗缝绣等。

**2. 绣花工艺技术的开发运用**

绣花工艺技术的开发与运用主要是针对绣花的针法和绣法的开发运用而言。不同类别的家纺产品设计需要运用不同的绣花针法和绣法。目前，电脑绣花的硬件和软件系统已经具备了功能比较齐全的各种工艺和技术，但是，随着设计进步和潮流变化，绣花工艺技术的开发和运用永无止境。如中国历史上形成的蜀绣、苏绣、湘绣和粤绣之中蕴涵着异常丰富的刺绣工艺技术，需要从继承民族文化遗产和弘扬中华民族传统的高度加以发掘和运用。

（1）绣花针法的开发运用：科技的进步和时尚消费潮流的变化使家纺绣花产品展现出独特的魅力。刺绣 CAD/CAM 技术的运用使绣花针法除了具有自身的艺术表现力以外，还能够借鉴其他艺术设计的表现技法来丰富绣花产品设计。通过各种针法的综合运用，刺绣产品可以表现出印花产品设计的技法，如平涂、渐变、油画效果、蜡笔画效果、虚实对比效果以及仿真设计效果。另一方面，绣花针法还可以表现出提花产品设计的各种技法，如：色织效果、色彩空间混合产生的织物效果以及纹样的立体感、浮雕感和凹凸感。除此之外电脑刺绣的针法更多的是针法自身所表现出的各种绣品所具有的特殊肌理效果。

绣花针法的开发运用要掌握针法设计的基本原理。针法的基本原理是通过针步的长短、疏密、方向以及色彩的变化形成各种视觉上的肌理效果。就如同把绣花针当成画笔和绘画工具来画画一样。因此，根据设计所要体现的绘画笔触效果和肌理效来采用针法，是针法开发运用的关键。

在电脑绣花系统里，已经具备有相应的针法库和针法控制系统，可以根据设计要求来开发和运用各种针法。如线型针步：单针、平包针、扦针、包梗针、E 字针、席纹针和锁针步；圈式针步：毛巾针和链目绣针法。电脑系统可以根据设计纹样的要求，自动生成和自动优化各种针法和针步，但是要想得到最佳的设计效果，就要对针步与色彩配置进行设计修改和电脑处理，如针步的长短距离和疏密关系所体现的效果。电脑设计系统只是辅助设计的工具，而体现纹样最终效果才是设计的目标。

在中国民间传统刺绣中，有很多值得传承和进一步发扬光大的各种特殊针法，如直绣、盘针、套针、擞和针、抢针、平针、散错针、编绣、施针、辅助针、变体绣等。针法的综合运用使得绣花产品设计领域不断地拓展，更显示出其独特的魅力。

（2）刺绣方法的开发运用：针法和绣法相比较来讲，刺绣的绣法更能表现绣花产品的设计风格和艺术特色。如果说针法是绘画中的笔触，那么绣法则是绘画中的表现技法。现有的刺绣技法的形成是中外历史上各个民族创造和传承的结晶，如中国民间流传的刺绣方法就非常丰富，表现出不同时代的、各民族多种多样的民俗文化和风格特征（图2-84）。

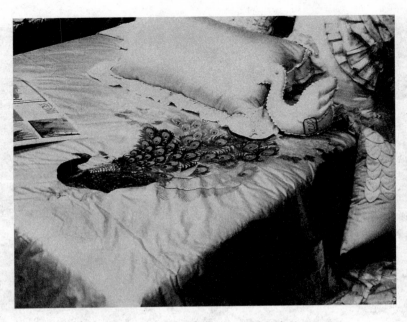

图 2 - 84　采用传统技法设计的床品

　　现在电脑绣花 CAD/CAM 系统里,已经具备有相应的绣法库和绣法控制系统,如前面所讲的带绣、绳绣、贴布绣、珠片绣、雕孔绣、植绒绣、挖空绣、绗缝绣等。随着时尚潮流的变化,还将会产生更多新的刺绣方法,丰富刺绣的表现力。

　　绣花方法的开发运用要根据家纺产品的不同类别、产品特点、风格特征来确定。如窗帘类绣花产品较多使用雕绣、挖空绣绣、植绒绣方法;带有装饰性的抱枕采用珠片绣、绗缝绣、绳绣方法;床上用品类绣花产品较多使用贴布绣、绗缝绣等。台布类产品较多采用雕绣和挖空绣。时尚的沙发类产品也有绒布绣花和皮革绣花的工艺。以上是常规的运用方法,在更多情况下要按设计的总体要求将各种绣花工艺加以综合运用以突出产品个性特征。(图 2 - 85 ~ 图 2 - 88)

图 2 - 85　刺绣台布

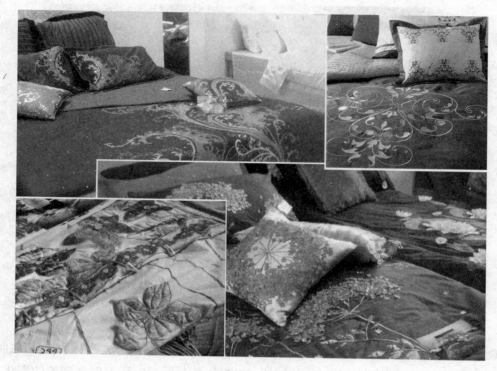

图 2-86　刺绣床品

图 2-87　刺绣窗帘

图 2 – 88 刺绣沙发

# ✲ 实施产品设计开发计划流程

根据《国家职业标准:家用纺织品设计师》对高级家纺设计师职业能力的考核要求,本节将工作流程的考核要求分为三部分。

## 一、实施织物设计开发计划流程

### (一)制订实施织物设计开发计划的相关技术文件

制订相关技术文件要依据产品开发的总体要求和技术目标定位来确定。实施织物产品开发计划要制订的相关技术文件包括:产品原材料选用与质量检验的标准和要达到的要求、产品制织的打样要求、设备要求与工艺上机的技术要求、半成品的质量检验要求、后整理机台设备要求与工艺标准以及最终成品效果的检测要求、成品质量检验的标准、产品包装的具体要求等。企业内的技术文件在格式上要统一规范,以便于指导生产和存档。有关硬性执行的外贸标准、国家标准、行业标准要在文件中特别加以说明,以便提醒各执行和检验部门严格把关。技术文件制订后,交由主管部门审核颁布,在各个生产工序中执行。

### (二)对照样品制织效果提出技术文件修改意见

新产品上机试样以后,要组织相关人员对样品进行综合评估,确定其是否达到了产品设计开发的预期目标,在综合评议的基础上提出修改和改进意见。主管部门要将各种意见汇总,对技术文件进行调整和修订并按时间的顺序进行存档。

### （三）对产品市场定位、功能定位、技术目标定位做出说明

在制订织物产品设计开发实施方案过程中,要对织物产品的市场定位、功能定位以及技术目标定位做出说明,以便统一整个生产试制的流程和实行跟踪监控。

#### 1. 产品的市场定位

织物产品以家纺面料开发为主,其针对的市场和顾客面比较广泛,设计师要认真分析市场和顾客的实际需求并做出市场定位。市场定位是综合性的定位,既要了解市场的需求,又要考虑本企业的加工能力和成本核算方面的问题;新产品开发必须适销对路,但是又要在市场上体现出其独特风格和差异性。市场定位还要考虑产品的技术质量和产品档次之间的关系。因此,在明确产品市场定位时,要对各种因素综合评议后提出能够实施的优选方案。

#### 2. 产品的功能定位

不同类别的织物面料在使用功能上有不同的要求。实施产品设计开发方案,要按照具体的织物面料使用性能提出功能性指标。织物产品的功能使用有审美功能和实用功能两方面,针对具体产品的特点,在审美功能定位方面可对原料运用、设计手法运用、纹样造型和色彩运用上综合考虑提出优选方案;在使用功能定位上,也要对织物的具体用途如床上用品、沙发面料、窗帘、窗纱、墙面软包等,来确定织物的厚薄、透光与遮光、平滑和起绒、硬挺和柔软、耐磨性、防污性、色牢度以及功能性后处理,然后作综合衡量并提出优选方案。

#### 3. 产品的技术目标定位

织物产品设计开发的技术目标定位,是以保障产品开发总体效果而确定的各项技术要求和技术标准。技术定位的目标要贯穿于产品生产加工的各个环节和全部过程。产品技术定位的各个项目之间要进行综合评价和优选,而其中重要的一点是要确定核心的技术和具体市场竞争的技术手段,这里包括技术创新的推广和运用。

### （四）组织产品设计开发计划的实施

家纺企业可以按本企业的实际情况组建产品设计开发的执行系统,并使之与品牌建设同步运作。

（1）设立产品开发的管理机构,确定相关的负责人。

（2）实施前的准备工作,制订各种技术文件和实施方案。

（3）优选并确定最后方案,通过审核后予以公布。

（4）组织实施:落实各工序的负责人,明确各项技术指标要求,掌握时间进度。

（5）把握新产品试制过程,并通过评论提出改进意见和建议。

（6）对新产品试制最终的结果做出总结并存档、备案。

## 二、实施印染图案设计开发计划流程

### （一）按照印染图案设计开发要求,提出品牌产品设计实施方案

印染图案品牌产品设计实施方案是产品开发设计规划的具体实施。在印染图案品牌产品

设计开发设计规划制订后,要根据规划要求编制相应的技术指导文件。技术指导文件可分为两大部分:设计实施指导性文件、生产制作指导性文件,总体上要体现本企业产品的市场定位、风格定位以及生产定位,要有围绕各种定位进行主题性的产品设计开发。

编写品牌设计指导说明书步骤如下。

(1)根据以上要求提出本品牌产品设计理念,并写出本品牌产品设计开发的总体计划文字报告。

(2)在确定主题风格基础上制作供设计参考的主题概念版,对产品整体效果和搭配方式做出模拟效果图。

(3)确定产品设计的表现形式:图案造型及纹样结构、整体构图及比例关系、色彩组合关系及色调变换配套、表现手法及风格等。

(4)确定产品坯布材料选择与印花工艺的搭配:配合设计的最终视觉效果,完成样稿设计。印染产品的最终效果要以相应的印染工艺来实现,因此正确的选择印染工艺对于产品设计来说十分重要。印染设计的工艺选择要注重坯布与工艺搭配的综合效果。

(5)成本计算:核算新产品设计开发各项工序成本,并在可行范围内予以实施。

(6)品牌设计方案及新产品成品提交相关决策部门进行论证,征询意见。

**(二)在家纺整体配套设计和产品整合基础上实施产品开发计划**

实施印染图案设计开发计划过程中,要贯彻整体配套的设计理念,印染类家纺产品的整合设计体现为以下三个方面。

(1)印染面料在材料选用、工艺运用上的设计整合。

(2)印染产品面料构成的各个要素的整合。

(3)印染产品设计风格的整体统一性。

**(三)按照设计整体效果提出具体修改意见**

印染产品在试制过程中,打小样是评估产品好坏的关键。每次打完小样以后,设计师必到现场对小样进行审核,并且要根据产品设计整体效果提出具体修改意见。一个产品往往要经过多次反复打样才能达到理想效果。

**(四)对产品市场定位、功能定位、技术目标定位做出说明**

在编写产品实施方案的技术指导性文件时,需要对产品市场定位、功能定位、技术目标定位做出说明。

**(五)组织产品设计开发计划的实施**

组织产品设计开发计划的实施可以与织物设计和绣品设计内容互相参照,具体方法步骤如下。

(1)设立产品开发的管理机构,确定相关的负责人。

(2)进行实施前的准备工作,制订各种技术文件和实施方案。

(3)优选并确定最后方案,通过审核后予以公布。

(4)组织实施:落实各工序的负责人,明确各项技术指标要求,掌握时间进度。

（5）把握新产品试制过程，并通过评论提出改进意见和建议。

（6）对新产品试制最终的结果做出总结并存档、备案。

### 三、实施绣品设计开发计划流程

#### （一）按照绣品设计开发要求，编写品牌设计指导说明书

在编写品牌设计指导说明书时，需重点注意以下几个方面：市场针对性强，设计主题突出，系列产品设计风格明确，能充分体现本企业产品特色和现代家纺文化内涵，从方便和周到服务于消费者的角度出发，注重产品的整体配套性与灵活混搭关系，坚持独辟蹊径的设计原则以应对家纺产品雷同的弊端，突出品牌自身魅力，给消费者以认同感。

**1. 总体原则**

（1）按照企业的市场定位，有针对性地进行主题性产品开发设计，针对不同市场消费群体需求，确定系列产品开发方案，明确产品设计风格。

（2）充分体现本企业产品特色和注重突出现代家纺文化的内涵，努力提升现代家居软装饰与室内环境整体配套氛围的格调；作为绣品设计，注重把现代设计元素、现代审美观念、民族文化精神、中华传统文明等多元化的内容与刺绣工艺进行有机的、不同比例的结合，以形成符合现代消费习惯的家居绣品设计。

（3）要有良好的服务意识，在创新产品设计中，充分体现方便、实用、美观的原则，注重产品设计的整体配套性与灵活混搭关系，方便消费者的使用习惯。

（4）坚持独辟蹊径的设计原则以应对家纺产品雷同的弊端。在家居刺绣产品的功能性、美观性、独特性方面则需充分考虑工艺特点的巧妙配合，突出品牌自身魅力，给消费者以认同感。

**2. 编写品牌设计指导说明书步骤**

（1）根据以上设计原则提出本品牌产品设计理念，并写出本品牌产品设计开发的总体计划文字报告。

（2）确定产品设计的表现形式：图案造型及纹样结构、整体构图及比例关系、色彩组合关系及色调变换配套、表现手法及风格等。

（3）确定产品的材料选择与搭配：配合设计的最终视觉效果，采用整体、局部拼合构成、拼色、材质对比等方法，准确选择面料、绣线、辅料等生产材料，配合工艺完成设计。

（4）确认工艺：一件好的产品设计，其最终效果要以相应的工艺作为支撑，因此正确选择工艺对于绣品设计来说十分重要。绣品设计的工艺选择要重视点、线、面的组成关系、布局和工艺搭配。要在最小成本的限定下，努力做到突出产品最大限度地美感和实用性。

（5）成本计算：核算新产品设计开发各项工序成本，并在可行范围内予以实施。

（6）品牌设计方案及新产品成品提交相关决策部门进行论证，征询意见。

#### （二）组织产品设计开发计划的实施

（1）设立产品开发的管理机构，确定相关的负责人。

（2）实施前的准备工作，制订各种技术文件和实施方案。

（3）优选并确定最后方案,通过审核后予以公布。

（4）组织实施:落实各工序的负责人,明确各项技术指标要求,掌握时间进度。

（5）把握新产品试制过程,并通过评论提出改进意见和建议。

（6）对新产品试制最终的结果做出总结并存档、备案。

**（三）按照设计整体效果提出具体修改意见**

新产品上机试样以后,组织相关人员对样品进行综合评估,确定其是否达到产品设计开发的预期目标,在综合评议的基础上提出修改和改进意见。主管部门要将各种意见汇总以后对技术文件进行调整和修订并按时间的顺序进行存档。

**（四）根据产品开发的需要提出设备和工艺改进建议**

家纺产品的创新开发是关系到企业发展,为了企业的健康、稳固和持续的发展,不断研发家纺新产品是至关重要的战略。进行刺绣产品的开发创新,可以根据产品设计最终要达到的设计效果,进一步考虑工种和工艺加工的程序。如果需要在一般常用工艺基础上再完成一些比较特殊的艺术效果时,就需要提出工艺或设备的改进建议,使这一创新计划能够得以顺利实施。

**1. 设备改进**

目前,国内大部分家纺生产企业应用的刺绣工艺生产设备,比较多的是采用国产设备,如多头电脑平绣机、多头电脑混合式刺绣机、成衣刺绣机、绗缝机、下料机、电脑自动裁剪机等;也有些企业采用进口设备,如田岛、百灵达、兄弟、日星等。近年,随着科技的发展和中国国力的迅速增强,中国正从制造大国向创造大国迈进。为能够创造更多更好的家纺新品,在设计开发方面,性能优良的生产设备就显得十分重要。为了能够达到产品设计方案的预期效果,设备必须能够很好地配合加工,能够跟上设计的要求。如果设备加工不能到位,就需要对设备进行技术革新,根据具体情况对设备或机件、零配件等进行改良、改装或更新,使其能够适应新设计的要求。

**2. 工艺改进**

工艺改进是指对纺织品制作加工工艺的改良,通过工艺改进使纺织产品流水线生产更合理、更顺畅、更节能,视觉效果更好,产品质量更稳定,在节能减排等方面更有利于环保和可持续发展。绣花工艺的改进可以根据企业新产品设计开发的需要,从打板、工艺加工、材料等几个方面入手进行改进。

**（五）对产品市场定位、功能定位、技术目标定位做出说明**

绣花产品的市场定位、功能定位、技术目标定位应是在充分的市场调研的基础上,结合本企业品牌特点和实际情况而做出的全面计划。

**1. 市场定位**

绣花产品的市场定位要从本企业的目标市场、目标消费群需求、市场同类产品的错位差,本企业生产能力与特色等方面考虑定位。如针对本企业传统产品特色、设备优势,对应本企业经市场调研得出的目标市场、目标消费群、企业市场竞争对手的产品特色及营销策略,确定本企业的产品市场定位。

## 2. 功能定位

产品的功能定位需从企业产品系列配套的角度出发,充分考虑消费者方便实用,配备多套配色方案,可考虑留有适宜不同人群灵活搭配的操作空间。

## 3. 技术目标定位

根据企业实力、自身品牌特色、未来市场需求和新产品研发预测以及企业发展的战略需要,确定技术目标的定位。

**思考题:**

1. 实施品牌产品开发方案要把握哪些要点?

2. 谈谈你对品牌核心价值的认识以及如何提炼品牌核心价值。

3. 品牌定位要把握哪些原则?

4. 产品技术审核包括哪些内容?

5. 根据企业实际情况拟出织物设计开发方案,并举出实例说明。

6. 根据企业实际情况拟出印染图案设计开发方案,并举出实例说明。

7. 根据企业实际情况拟出绣品设计开发方案,并举出实例说明。

# 第三章　纺织品空间装饰设计

　　高级家纺设计师的纺织品空间装饰设计能力是在涵盖助理家纺设计师和家纺设计师职业能力基础之上进一步的提升。高级家纺设计师除了掌握空间展示设计方案分析与制作的相关知识以外,还应该在分析研究国内外流行趋势和流行设计风格的基础上,对家纺产品展示设计做出整体定位,并能围绕设计主题详细说明各个分解设计图组合的关系。

## 第一节　编制家纺产品空间展示设计方案

### ❋ 学习目标

　　通过流行趋势研究、展示文化和空间装饰设计定位知识的学习,全面掌握家纺空间展示设计方案编制方法。

### ❋ 相关知识

#### 一、家纺流行趋势的本质和应用

##### (一)流行趋势的本质

###### 1. 趋势引导大众时尚消费

　　趋势是建立在适应社会时宜环境、洞悉大众消费心理基础上的概念。趋势既依赖于现实市场的需求,又试图重新规划和支配消费选择,潜移默化地诱导人们酝酿情绪,利用人们喜新厌旧的心理,促使人们淘汰落俗和鼓励时兴,同时趋势以人们乐于接受的审美欣赏形式传播个人价值和社会价值,帮助商品开发和挖掘潜在利润。

###### 2. 趋势是文化现象

　　文化是人类物质创造与精神创造的总和,文化既涵盖价值观和创造力,也包括知识体系和生活方式。趋势研究消费时尚的源起、演变、发展和衰退及其新的轮回模式,推究不同消费现象内在的驱动力和深层社会根源。趋势得益于以往文化的滋养,同时也为当代文化增添新的内容。趋势以刺激日常消费的方式促进物质生产,综合了特定文化背景下的审美价值,以审美的态度构建理想的生活方式,帮助人们规划生活的意愿和梦想。大众文化的兴旺和消费主义的扩张,为趋势的形成和发展奠定了良好的基础。

### 3. 趋势是信息的传播

趋势是把握和推动时尚更替的媒介,是刺激消费和链接生产的信息枢纽。趋势是训练有素的专家群体通过市场调研、咨询分析、主题筹划、信息发布、技术服务等程序,把艺术和技术因素糅和在一起集思广益的创造性思维和表现。时尚是商家鼓励消费的理由,趋势是传播时尚的消费指南。艺术家、设计师和广告人精心策划的广告,是以消费者乐于接受的审美形式为载体,借助图形、影像、文字、符号等各种媒介手段,诠释内隐的价值观和外显的生活式,现代时尚偏爱用美的生活取代伦理上善的生活,趋势也侧重审美理念和形式的传播。

### 4. 趋势是商品特征

趋势是符号的生产。符号是记号和标记。在消费生活中,符号是社会意识作用下的商品特征,是商品便于识别的标志或形态,如品牌形象、价码标签、大师签名。趋势对符号的生产起着推波助澜的作用,它把人的内心世界对于荣誉和情感的向往,转化为自我陶醉、自我愉悦的审美形式,反映到人的行为、态度、品位、礼仪、装扮中。千变万化的时尚在趋势的驱动下周而复始。

### (二)家纺产品应用与展示的流行趋势

中国经济的发展推动了中国住宅业迅猛发展,国内家庭装饰市场在良好土壤培育下得到超常规地扩张。随着人们对个性化住宅的追求,人们在室内装饰中把目光投向了一个新的"方向"——软装饰。室内"软装饰"已经成为现代家庭装饰中不可回避的重要装饰手段,并逐渐成为室内装饰的重要方向。毋庸置疑的是,室内"软装饰"将成为未来中国家装业的发展与流行趋向。

应运而生的室内家居纺织品陈列与展示设计专业,在日常生活中占有不可或缺的位置。人们的生活水平愈高,对纺织品的需求量也愈大,对其功能、质地和鉴赏的要求也逐步提升。正因为涉及大众生活之必需,对消费意图的揣摩与迎合,当然是趋势研究的重要内容。所以,趋势是由日常生活众多的现象汇集之后,经过提炼与整合,重新派生出来的关于生产和消费的指南。家用纺织品的趋势不是孤立的本行业的业内现象,它是社会整体的消费理念和现实的生活方式在日用纺织品和陈设纺织品中的具体反映。家用纺织品的趋势应该是积极引导家居消费的策略和方法。它不只是简单地研究室内家居装饰用什么色彩、纹样、面料的问题,尽管这些东西是我们关注趋势想急于得到的表层内容;它更有必要深入揭示如何去装饰和为什么要采取如此装饰的问题,这才触及事物的本质。

同时纺织品软装饰已经开始被国内市场广泛接受,家用纺织品对于整个室内环境的价值和意义正在稳步提升。营造安全方便、亲和舒适、温馨美观的居住氛围,已经从清谈转变成行动。现代住宅的预制件构成和雷同的搭建模式,导致了室内无性化或中性化的单调泛滥;以往的硬质材料装饰耗材费时,单调的墙体和光洁的表面处理容易流于枯燥和冷漠,不良装修材料和野蛮的施工手段带来的环境忧患已经引起人们普遍的不安,消费者对硬装修的疑虑与日俱增。以家用纺织品为主体的家居软装饰经济划算、环保安全、易于自我操作、易于个性化表达。纵是硬质装修,也少不了家用纺织品的品种调剂和补充。

### 二、建筑空间装饰风格

我们在讨论家纺软装的展示设计时,首先要对软装的基本风格以及其形成与发展、演变原因进行研究。家纺展示的对象是特定的展示空间,它是与建筑设计紧密联系在一起的。因此,我们讨论家纺展示设计有关问题,先从建筑的空间装饰风格开始。

**(一)建筑装饰风格的分类**

在历史上,同一个风格在不同的国家和地区又有不同的变化,同一个风格即使在同一个地方也是存在着一定的差异性的。装修是从建筑衍生出来的,风格中也与建筑有着千丝万缕的关系,了解装饰的发展史就必须从建筑开始。参考建筑的风格,有利于我们增强对装饰风格的理解,直接引导着空间装饰风格的实现。

**1. 从国外地域角度来分**

(1)罗马风格:产生于公元5～6世纪,以强调庄重为主,多用浮雕及雕塑,具神秘感(图3－1)。

(2)哥特式风格:产生于公元12～13世纪,以竖向排列的柱子、尖形向上的细花格拱形门洞为重要特征,多装修华丽、色彩丰富(图3－2)。

图3－1　罗马风格建筑　　　　图3－2　哥特式风格建筑

(3)欧洲文艺复兴风格:产生于公元15～16世纪,强调人性的文化特征,表面雕饰细密,效果华丽(图3－3)。

图3－3　欧洲文艺复兴风格建筑

(4)巴洛克风格：产生于公元 17 世纪，强调线型的流动变化，装饰繁琐精巧(图 3 - 4)。

图 3 - 4  巴洛克风格装饰

(5)洛可可风格：产生于公元 17 ~ 18 世纪，以贝壳状的曲线、皱折和曲折进行表面处理为主要特征，绚丽细致(图 3 - 5)。

图 3 - 5  洛可可风格装饰

（6）美国殖民地风格：强调自由明朗的感觉，具有英国洛可可的风格（图3-6）。

图3-6　美国殖民地风格建筑

（7）欧洲新古典风格：多运用直线条进行表达，部分地方细致处理，具有对比美（图3-7）。

图3-7　欧洲新古典风格建筑

（8）古埃及风格：设计精巧，喜欢采用动物造型，图案形象（图3-8）。

图3-8　古埃及风格建筑

（9）古印度风格：使人感觉丰满、厚重，精工细琢（图3-9）。

图3-9　古印度风格建筑

（10）古日本风格：它是中国文化早期版式的拷贝，简单明亮，推拉门及"榻榻米"是其主要特征（图3-10）。

图3-10 古日本风格建筑

（11）欧洲新艺术运动风格：其主题是模仿草木生长形态，大量应用铁构件以便制作各种曲线，造型夸张简洁（图3-11）。

图3-11 欧洲新艺术运动风格建筑

（12）阿拉伯（伊斯兰）风格：多采用具有装饰作用的拱形结构，色彩浓烈，风格悠闲、清雅（图3-12）。

图3-12　阿拉伯（伊斯兰）风格建筑

（13）现代主义风格：它以勒柯布西耶（法国）为代表，倡导工业化住宅，风格粗犷。另一个代表是密斯凡德罗（法国），倾向于造型的艺术研究，主张"灵活多用，四望无阻"、"少就是多"，强调细节和节点处理。赖特（美国）也是一个代表，创造了富于田园风光诗意的"草原式"住宅，造型新颖，提倡"有机建筑"（图3-13）。

（14）后现代主义风格：其分装饰主义派和高技派。

①装饰主义派的设计繁多复杂。多用夸张、变形、断裂、折射、叠加、二元并列等手法，表现刺激（图3-14）。

图3-13　现代主义风格建筑　　　　图3-14　后现代主义风格建筑

112

②高技派的设计坚持使用新技术,讲求技术精美(图3－15)。

图3－15　高技派建筑设计

**2. 从中国古典建筑风格上来分**

(1)唐朝风格:造型简明,比例尺寸合适,色彩上以"大红大绿"为主(图3－16)。

(2)清朝风格:其造型细节处理细致,喜欢在梁柱上绘制各种图案,色彩多样、秀丽(图3－17)。

图3－16　唐朝风格建筑　　　　　　　　图3－17　清朝风格建筑装饰

(3)苏州园林风格:门窗多采用栅格,雕刻精致,造型强调对称、一致(图3－18)。

**(二)室内空间装饰风格分类**

所有的空间装饰都有其特征,但这个特征又有明显的规律性和时代性。把一个时代的空间装饰特点以及规律性的精华提炼出来,在室内的各面造型及家具造型的表现形式,称为空间装

113

图 3–18　苏州园林风格建筑

饰风格。

中国有中国古典式的传统风格,西方有西方古典式的传统风格,每一种风格的形式与地理位置、民族特征、生活方式、文化潮流、风俗习惯、宗教信仰有密切关系,可称为民族的文脉。装饰风格就是根据文脉结合时代的气息,创造出各种室内环境和气氛。

装饰风格是空间装饰设计的灵魂,是装饰的主旋律,而风格主要分为东方风格和西方风格。东方风格一般以有中国明清传统风格、日本明治时期风格、南亚伊斯兰国家的风格为主要风格。西方风格中主要以欧洲早期的罗马式、哥特式、巴洛克式、洛可可式、19 世纪的新古典主义、现代主义和后现代主义的风格流派。现代主义中强调使用功能以及造型简洁化和单纯化。后现代主义强调室内装饰效果,推崇多样化,反对简单化和模式化,追求色彩特色和室内意境。

1. 欧美现代风格

也就是我们经常所说的简欧式风格,简单、抽象、明快是其明显特点。室内多采用现代感很强的组合家具,颜色选用白色或流行色,室内色彩不多,一般不超过三种颜色,且色彩以块状为主。窗帘、地毯和床罩的选择比较素雅,纹样多采用二方连续或四方连续且简单抽象,拒绝巴洛克式的繁复。其他的室内饰品要求造型简洁,色彩统一。灯光以暖色调为主。(图 3–19)

2. 西洋古典风格

也称欧式风格,这种风格的特点是华丽、高雅,给人一种金碧辉煌的感受。最典型的古典风格是指文艺复兴运动开始,到 17 世纪后半叶至 18 世纪的巴洛克及洛可可时代的欧洲室内设计样式。(图 3–20)

图 3 - 19　欧美现代风格

图 3 - 20　西洋古典风格

**3. 日式风格**

亦称和式风格,这种风格的特点是使用于面积较小的房间,其装饰简洁、淡雅。一个略高于地面的榻榻米平台是这种风格重要的组成要素,日式矮桌,配上草席地毯,布艺或皮艺的轻质坐垫、纸糊的日式移门等。日式风格中没有很多的装饰物去装点细节,所以使整个室内显得格外的干净利索。(图 3 - 21)

**4. 中国传统古典风格**

具庄重、优雅的双重品质。最好的代表就是古色古香的装饰,整个室内色彩选用比较凝重

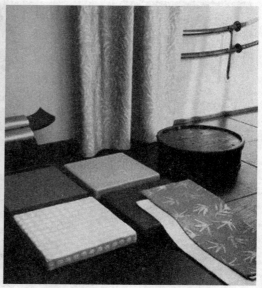

图 3 - 21　日式风格装饰

的红色系为主。墙面的软装饰有手工织物(如刺绣的窗帘等)、中国山水挂画、书法作品、对联和窗檩等;地面铺手织地毯,配上明清时的古典沙发,其沙发布、靠垫用绸、缎、丝、麻等做材料,表面用刺绣或印花图案做装饰。红、黑或是宝蓝的色彩,既热烈又含蓄、既浓艳又典雅。如绣上"福"、"禄"、"寿"、"喜"等字样,或者是龙凤呈祥之类的中国吉祥图案。这样,传统风格的沙发布和靠垫在加入了现代人的简洁意识之后,就有了更为现代人所喜爱的"温柔表情"。与靠垫配套的,还有麻织桌布,通常是本白色,绣以亚麻色寿字图案。书房里摆上毛笔架和砚台,能起到强化其风格的作用。房间顶面不宜选用富丽堂皇的水晶灯,宜选带有木制的造型灯(灯光多以暖色调为主)。因为中国传统古典风格就是一种强调木制装饰的风格。当然仅木制装饰还是不够的,我们必须用其他的、有中国特色的软装饰来丰富和完善,如用唐三彩、青花瓷器、中国结等来强化风格和美化室内环境等。(图 3 - 22)

图 3 - 22　中国传统古典风格

### 5. 乡村风格

具自然山野风味。如使用一些白榆制成的保持其自然本色的橱柜和餐桌,滕柳编织成的沙发椅,草编的地毯,蓝印花布的窗帘和窗罩;白墙上可再挂几个风筝、挂盘、挂瓶、红辣椒、玉米棒等具乡土气息的装饰物;用有节木材、方格、直条和花草图案,以朴素的、自然的干燥花或干燥蔬菜等装饰物去装点细节,造成一种朴素、原始之感。(图3-23)

图3-23 乡村风格装饰

### 6. 现代简洁风格

这种风格注重实用功能,以"少就是多"为指导思想,强调室内空间形态和构件的单一性、抽象性,追求材料、技术、空间的表现深度与精确,常运用几何要素(点、线、面、块)来对家具进行组合,从而让人感受到简洁明快的时代感和抽象的美。墙面多采用艺术玻璃、简洁抽象的挂画,窗帘的装饰纹样多以抽象的点、线、面为主,床罩、地毯、沙发布的纹样都应与此一致,其他装饰物(如瓷器、陶器或其他小装饰品)的造型也应简洁抽象,以求得更多共性,突显现代简洁主题。(图3-24)

图3-24 现代简洁风格装饰

**117**

在不同风格中能够创造出各种空间环境气氛,使人领略到古典的、现代的、西方的、中国传统式的整体美感,具有很强的文化表达性和鲜明的特色。灵活地运用各种装饰风格,使它们能互补、碰撞,彰显魅力。

### 三、展示设计概述

展示设计在家纺设计领域中是一门新型学科,但是家纺展示设计的基本原理与表达方式与其他行业的展示设计基本上是相通的。因此,我们讨论家纺展示设计内容是从一般展示设计的概念入手和展开的。

#### (一)展示的含义

展示能提高商品销售魅力,它是一种内涵广泛的艺术文化行为。其中包括商业空间、生活广场,展示会、展销会、国际博览会,人文历史的博物馆、美术馆、科技馆和环境典雅的主题文化空间,文化艺术节、表演秀、体育赛事、地方节祭活动。以促销、教育启蒙、信息传递等的机能作用为主要目的的商店,博览会会场、贸易会展、演示活动、博物馆、节事活动等一切与展示相关的调查、计划、设计、展示造型、制作、施工监督等,并由相关的场馆设施、展示支架、道具、多媒体设备、音响设备、照明配套设备等组成。

中国是展示业的后起之秀,中国的"展示设计"概念与国际接轨大约是在1985年左右。展示业在国外已是一个相当成熟的信息服务产业,在我国还是一门新职业,也是社会和行业急需培养的复合型人才队伍。家纺展示设计需要在了解一般展示设计基础知识之上,逐步形成独立体系。

#### (二)展示的作用

展示是大众媒体的一部分,是现代信息的载体,是人们的现实生活空间中点燃热情、激励斗志的手段,并使参与者在非日常的充满信息氛围的空间中获取商业价值、技术价值、文化价值和娱乐价值,可以说有人群的地方就有展示形式的存在。

展示有着促进商业经济繁荣的社会意义。商家越来越意识到不仅要加强对品牌的推广力度,还必须把握对商品信息的时效性、概念性宣传,借助别出心裁的销售空间的形象展示和细致周到的服务手段才能赢得市场和客户。因此,商业空间的展示和贸易会展的展示效果起到了举足轻重的作用,特别是贸易性会展在近20年来的蓬勃发展,已成为展示行业的龙头产业。家纺展示设计的重点也是围绕商业空间的展示和贸易会展的展示来进行的。

#### (三)展示的途径

展示是信息传递的一种方式,而展示场所则是信息传递的途径。展示是以信息传达的目的、以再创造的空间环境为手段,在非常广泛的领域里展示的公众性交流活动。信息源通过信息发送方的信息发送载体,传递给信息接受方或叫做受众。作为信息载体的展示场所经过发送方的策划和创意设计将信息加以概括、提炼,用文字、图形、模型、动感影像、演示等手段使之视听化、形象化、互动化,让受众在展示场所通过自己的理解、想象,对信息进行认知和认同,从而获得满足和愉悦。

信息源和发送方通常指商业的业主、产品制造商、供应商(也叫参展商),展示的主承办方、协办方、策划方,会议的组织者、召集方,节事活动的发起者,设计服务公司、制作服务公司等其他协助单位成员。信息接受方主要指商场的购物者、顾客、消费者;参展的嘉宾、专业人员、新闻报道者、观众及游客。

### (四)展示设计的机能

展示设计的对象是生活的一部分空间,在空间设计的方法论研究中,最为重要的是"形态和机能的关系"问题,即将生活空间里的机能的关系作为依据,以此决定其形态的设计活动。

当然满足这些机能的手段还受到机能层次、技术水准、预算的影响。广义的设计是指开始阶段的整体策划,狭义的设计才是我们通常所指的整体策划的展开,从效果图、制作图到施工、安装调试直至展示于公众。

### (五)展示设计的艺术风格

展示设计作为一门艺术,历来受到各种历史流派的影响,有古罗马哥特式、文艺复兴、巴洛克、洛可可、新古典主义、分离派、风格派、现代主义、后现代主义等。全球经济一体化的实现也从某种程度上融会了各个地域和民族的文化,同时也受到时代的审美观和流行观念的影响。而从理论上看,高科技发达国家往往引领风潮。现代文化产业的出现使后现代主义设计风格成为时尚,但是对现代思想和高科技的追随总是伴随着有规律的对文化传统的回归和对自然的回归。

艺术风格来自生活,在市场竞争中的主题是生活概念的创意、服务指向的竞争。在文化教育中的主题是多元互动下的百家争鸣、幽默诙谐、意象万千的共享大空间。

#### 1. 生活化"仿真"风格

用模拟特定生活写实场景片段的手法将展品自然地置于其中,使观众身临其"景",产生亲切、真实感的联想。

(1)典型仿真:采用这种风格较多的是在历史博物馆、自然博物馆、科技馆、游乐园中。常用人物蜡像做模特,配以仿真实景、模型、沙盘和配音幻影成像等手段,真实体现社会风俗化内容。典型的是上海历史博物馆里反映老上海市民生活的陈列,其他还有自然博物馆和上海科技馆。仿真风格也用于百货商场的生活用品展示区域。(图3-25)

图3-25　仿真风格展示

（2）生活仿真：比如商场中的"卧室产品"、"儿童卧室"、"家电配套产品"、"卫浴产品"、"家具配套产品"，通过家庭空间一角的摆设，呈现商品效果，具有指导消费的积极意义（图3-26）。

图3-26　生活仿真展示

### 2. 戏剧化"夸张"风格

注重展示中主体元素的"凝练"并置于某一时空的戏剧化"场合"。采用拟人化、表情戏剧化、情节概念化的手法讲述寓意性的故事，具有极强的表现力。一般在商业展示中多用于服装、化妆品、鞋帽类。在博物馆、民俗风情馆、科技馆、游乐场中也大量采用。（图3-27）

图3-27　"夸张"风格展示

### 3. 美学化"幻象"风格

为纯视觉审美满足的需要而虚构的卡通故事，并使之具象化为可游、可乐、可参与的现实空间。典型的例子是迪斯尼乐园，不仅有故事化、戏剧化特征，典型卡通形象还将继续不断地将故事延续下去，是最富想象力表现、最为自由的风格（图3-28）。

### 4. 装置化"系统"风格

装置艺术本身是建筑学的术语，后被应用于戏剧领域，泛指可被拼贴、布置、移动、拆卸的舞

图3-28　美学化"幻象"风格展示

台布景及其零件。后来,装置艺术又为艺术家们所发展,通过对生活意象予以"错位"处理来实现艺术感悟的超越,不在乎材料工艺的考究,取而代之的是创造思想的实践。

另一方面,现代工业标准化对商场购物空间的合理配置,使之趋向标准化管理。而标准化了各种器材和复合材料道具,不仅精美耐用、配套简易,还可反复使用,为商业展示和展览展示所广泛利用,并被认为是最合理、最经济的模式。因此,展示中的装置设计有三层意思。

（1）"结构展示":除建筑以外,格删式展墙,道具、器材、其他小道具均设计成有一定模数比例的系列化拼装结构件,即整体又便于运输、搭建和拆装。

（2）"包装展示":将所有信息统一在装置性的形式元素中,也就是将内容、版面、道具、多媒体设备构成一个复合体,整个展示以一系列这样的复合体构成。

（3）"体验展示":将一些科学原理通过装置物来呈现,并让观众参与体验（图3-29）。

图3-29　展会现场体验展示

## （六）商业空间的展示领域

以销售与推广产品为目的的展示设计已经发展成为一个有利可图的热门产业,而设计的复杂程度也在不断提高。贸易展览与商品陈列室的展示现在变得越来越具体,逐渐成为博物馆和旅游展示设计的趋势指向标。

## 1. 贸易展览

贸易展览展示了公司的产品与服务。这类展览定位于特殊的群体,如产品的购买者和同行业的竞争者。虽然这类展示的极少部分确实会对一般大众开放,但是通常,一些早期的产品预览及介绍会却只是对业内人士开放。

贸易展览设计能适应大多数的行业内部展示活动和有成百上千个展位的开放式大型展销会。因此,它是最常见的一种展示设计。贸易展览的设计着眼于推广客户的品牌,因此这类设计要求能随时更新展示内容,以便能够跟上公司发展的步伐。在所有展示设计中,贸易展览设计是快速的,它的设计时限、建筑时限和使用期限最短。有时,一个大型项目从设计到搭建完成只需短短两个月的时间。

贸易展览的使用期限根据客户和行业的要求而定。经典设计的使用期限通常在一到五年之间,而展出的时间则每年只有三到五天,或者根据不同的场合来安排。展览要求能够随时调整,还要有一定的耐用性,以便适应不同展出地点的需要,以及吸引不同类型的观众的需要。贸易展览设计是为营销和市场服务的,所以设计包含的内容相对较少。

展览会是在原始集市或庙会的形式上发展至今天的高层次、多样式的展览形式。国际间、行业间的信息需要随时更新、交流,而咨询服务、技术说明、洽谈订购也往往都是连贯性的,因此这种展览形式就必然打破单纯的"展"形式,而是以直营、直销的方式进行"展"和"销",也常常采用商业产品展销会、新产品发布会、技术专家研讨会、专业研讨会、信息技术交流会、预测报告会、各种商品秀、经贸洽谈会等形式,为参展商和参观者提供更多的信息交流机会,最终渐渐形成了"展"和"会"结合的模式。

## 2. 商品陈列室

和贸易展览设计一样,商品陈列室的设计目的也是为了展示一个公司或者企业的产品。通常来说,商品陈列室一般是不对公众开放的,除非它是作为零售商店的一部分,如苹果公司专卖店内的展示空间。商品陈列室通常位于一个固定的地点,设计的使用年限平均在一到五年。而贸易展览则不一样,它们一般位于展览大厅内,并且随时都会变动。而这个展示空间也不像一般的贸易展览那样能够让人随意进出,客户们只有通过预约才能进来。

商品陈列室的设计需要极大的灵活性,因为其内部陈设的所有物品(展台、陈列桌和陈列架等)都会根据季节和潮流的变化而重新摆放或者进行更换。设计师们要把公司每年的营销策略与商品陈列室的设计结合起来,让展示空间具有高度的可视性。除此之外,展示空间对于灯光的选择也十分挑剔。如果灯光运用得当,就能使整个展示空间看上去更加灵活。

展示陈列上追求整体空间的协调和变化,甚至有强调整体通透概念的橱窗形式(它是近几年发展起来的流行趋势)。购物中心则由一个个小型的品牌专卖店构成,更是个性化商店形象的荟萃。超市、便利店等通过营造季节感的氛围、流行的时尚主题,并利用色彩、灯光、道具等视觉的陈列手法将商品的直接信息传递给消费者,还结合促销演示等有趣的展示活动来加强品牌效应。近年来,不同形式的商品陈列场所得到了充分发展。

## 四、如何编制展示设计方案

编制整体的展示设计方案要根据主题与风格的需要。大型展会展示是现代社会传达与交流信息的重要手段。随着参展规模的不断扩大，企业注入的商业信息也在成倍的增长。大型展示除可显示企业实力外，其宣传效果往往令顾客难以忘怀。对展览设计者来说，大型展示是一个非同寻常的挑战。家纺展示设计最主要的展示设计平台就是国内外大型的家纺专业博览会。

### （一）主题和风格在展示中的重要性

展示的主题和风格是展览总体设计的基础，是展览设计的起源。展示设计不仅是一门多学科交叉的综合性艺术，而且是一门功能性和可操作性很强的实用学科，是一项系统工程，绝非拼拼凑凑就能见效的。为了保持其功能设计的完整性和连续性、形式的多样化与风格的统一性，在会展设计初期就必须事先确立展示的主题和风格。在大型展示的设计过程中尤为重要，要做到左右照顾和前后呼应，确保展示设计的主题突出、风格统一。

### （二）如何建立展示主题和风格

如何建立展示主题和风格的框架是展示设计的关键，它决定着设计的走向，设计构思一定是基于某种主题展开的。在设计的初期阶段，必须把握举办单位和参展企业的意图、目标及要传达给参观者的信息，由此决定展示的主题和风格的大致框架。好的展示主题必须能直接表达展览内容，而且可以创造一种特殊的展览气氛，有效地吸引顾客，以达到宣传、营销的目的。其次要划分出补充大主题的小主题和相关的各种项目。这些内容既要服从整体风格，又要有独特的构思，能够成为一个个精彩的局域点。这些精彩点与整体风格协调起来，即成为展示主题和风格的框架。由此出发，考虑场地空间规划及造型结构的安排，开始基本设计。

除了每个项目的展示意图外，各小主题间的关系也应是关注的重点，随着设计作业的进行及对企业有关资料的调查了解，展示的各个小主题也要相应的拟订出来。展示设计从始至终受到展示主题和风格的左右，由小主题的关系所构成的联系与展示空间的格调也息息相关。一旦决定了展示主题和风格的框架，就要讨论构成各小主题的每个项目的信息内容，但必须基于展示主题整体风格去讨论，并确立展示重点，划分展示区域和空间及结构关系，规定各种造型细节等。

在展览设计中所传达的商业信息，最终还是要落实到模型、影像、图表、样品等多种展示媒体上。而所有这些展示媒体的分配也必须按照展示的内容来决定，要将重点放在重要主题的展示上。要用丰富的想象力来创造各种新颖的宣传媒体，利用创新的媒体来表现展示重点，往往能得到意想不到的效果。讨论并选择使这些想法变成可行的具体方案，既可保证符合展览场地的限定，又具有同主题的统一风格。

基本设计方案和实施计划随着设计制作具体作业的进行，都要有一个调整过程。尤其进入设计的实施阶段，设计的细节及其展开的信息内容都有了定案，但有时因为场地条件及信息材料变化的关系，也必须修改设计。在这种情况下，常常回归的原点就是展示的主题和风格，所以展示主题和风格对大型展示设计非常关键。

大型展示设计成功与否的衡量标准是什么？一个看主题是否突出；另一个看风格是否独特。如果一个大型展示主题不明，那只能算是一场集市贸易。如果有主题但是不突出，那不会给人留下深刻的印象。如果主题是突出了，但是风格平淡、手法凡俗，那就让人没有回味。

### （三）实现最佳的产品展示效果

大型展示设计的风格建立在深厚的文化底蕴之上。要形成一种前所未有的独特风格，必须挖掘展示地的文化特点以及展品的文化背景,无论是灯光、色彩、音乐、图片、展品设计、服务人员素质都与文化背景的亮点发生联系。在这些错综复杂的联系中去寻求一个共同的支点,独特的风格便会油然而生了。

大型展示设计的具体化是最终实现最佳的产品展示效果。展示设计不仅具有艺术性和功能性,我们还应该注意到它的商业特性。它的商业性远远大于其他特性,从某种意义上说它是企业商品的扩展延伸。构思展示主题和风格能使设计者完整、准确地把握企业与商品的所有信息,有效调动一切展示艺术手段,为参展企业抓住市场机遇,树立良好形象提供有力的支持和帮助。

## ❋ 编制家纺展示设计方案流程

### 一、确定设计方向

(1)通过市场调研和网上搜索等各种方式收集当前国内外家居软装饰流行趋势以及展示设计流行趋势的信息,把握流行的总趋势。

(2)分析当前主要的展示设计的流行风格,提炼出各种时尚流行元素并分析它们之间的组合关系。

(3)根据当前流行趋势提出展示设计的方向。

### 二、对展示空间进行装饰风格定位

(1)对各类家纺新产品的目标消费对象、用途、组合要素和组合方式的主要风格特征做出分析。

(2)按照产品的风格特征对展示空间设计进行装饰风格定位。

### 三、确定空间展示设计主题

(1)按照产品的展示设计风格定位确定空间展示设计主题。

(2)围绕主题系列化要求确定展示设计要素和组合方式。

(3)编制空间展示设计的主题文案。

### 四、根据主题与风格的需要编制整体的展示设计方案

整体展示设计方案可按实际要求来制订,整体展示设计涉及广泛的内容和具体实施要求。制订整体展示设计方案,关键在于将设计指导思想具体化到每一个环节,把握好细节与整体统一协调的关系。在编制整体展示设计方案时,要围绕产品的主题和风格特征来选用各种要素,以及确定展示设计的组合方式。

**思考题:**

1. 怎样才能把握当今时尚的展示流行趋势?

2. 如何在展示设计中体现流行的装饰风格?请举实例来说明。

3. 展示设计主题的重要性表现在哪些方面?如何确定展示设计主题?

4. 在展示设计中要把握好哪些设计要素?

5. 根据企业实际情况,编制整体展示设计方案。

# 第二节　实施展示设计计划

## ✽ 学习目标

通过家纺空间展示设计的规划与设计程序的学习,使高级展示设计师具备对展示设计计划进行组织实施的能力。

## ✽ 相关知识

### 一、高级展示设计师需具备的能力

#### (一)扎实的美术基本功

绘画基础与造型能力是展示设计师的基本技能之一。展示设计中,扎实的美术基础在设计图的绘画中是非常必要的,而设计师的设计灵感是抽象的,可以通过效果图把自己的构思表达出来。展示设计师可通过素描、色彩、平面构成、色彩构成、立体构成等基础训练,加强自身的审美和绘画能力,否则无法准确地表达设计师的设计意图。具有良好的美术基本功不等于能够完全驾驭展示设计,还需要具备更多的展示知识,才能够成为一名成功的展示设计师。20世纪初,包豪斯曾经提出"设计的目的是人而不是产品",作为设计师只有对人的心理有准确、全面的认识,才能更好地让人感到共鸣,这是设计的基础。

#### (二)深厚的专业知识

展示设计效果图是设计构思的视觉性表达手段之一,而这个设计构思能否实现,还有待于材料的运用,通过一定技巧的光影及场内气氛的营造,才能达到最终的效果。因此,作为展示设计师,如果对材料的性能、搭建的方法和制作技术等实际操作技能一无所知的话,其构思肯定是不着边际的,经常看到许多展示设计效果图画得挺美,但实际上是不可能做出来的。事实上,许多设计的技巧与感觉,不在纸面上,而在实际中。展示上的"线条"和"造型",也绝不是纸面上的线和形,而是立体上的三维空间中的线和形,这种感觉只有在三维空间的实际训练中才能提高。

通过熟练掌握和运用不同的施工材料,巧妙运用光影效果,灵活搭配不同装饰风格道具来营造不同氛围环境,是展示设计师所应具备的重要条件。

#### (三)具有合理的知识结构

展示设计的初级阶段是对一些基础技法和技能的掌握,而成功的展示设计师更重要的是应具备设计的头脑和敏锐的创作思维,只掌握基础技能、能画漂亮的效果图是远远不够的。目前,艺术院校展示设计专业都开设有展示风格的理论课程,通过这些课程,学生可以了解中外艺术史、设计史、展示史和展示美学等理论知识,同时,还能开阔学生的眼界,拓宽设计思路,启发他们的设计灵感。除了掌握展示学科的基本理论知识,还应具有较扎实的人文学科和工程技术基础知识,较高的文化艺术素养和较强的审美能力。我们需要更广泛地获取专业以外的各种信息,比如科技发展的成果、文化的发展动态、各种艺术门类的作品以及存在于文学、哲学、音乐中的反映意识形态的各种思潮和观念等,以此来拓宽知识面,增长见闻,博采众长,从中获得更多的启迪,进而产生更好的想法。

### (四)学会积累

专业资料和各类信息的收集积累在展示设计的学习提高过程中是十分必要的。这是一项长期持久的工作。有许多设计师在做设计时,常常会为不能获得创意而感到很苦闷,这是一种正常现象。因为人的思维能力增强是通过不断的学习和实践获得的,人脑对某类信息接受和储存得越多,相关的思维能力也就越强。要想改变这种状况,首先必须认真做好专业类资料的收集和积累。需要特别指出的是:获得了资料不等于真正拥有了资料。所谓"外行看热闹,内行看门道",要想从资料中看出"门道",为水平的提高带来帮助,仅流于表面的、泛泛的浏览是不会带来效果的,寻找到设计变化的方法和规律,我们的观察就更有获益。如此,不仅能磨炼出对流行的感觉,对设计创新也会变得有办法,而不至于在设计时一筹莫展了。

### (五)学会借鉴的本领

设计是一种创造,但不是发明,前无古人后无来者的设计是不存在的。因此,展示设计就必须要借鉴前人。设计的变迁过程是连续的、不间断的,每一种设计都处于人类文化史的变迁途中,都是承前启后的。要想在设计中超越前人,就必须先学习前人的历史经验和传统技巧。展示是一种综合性艺术,涉及各个领域。设计师的工作内容又是复合型的,既要能把握当时、当地的历史潮流和市场变化,又要对自己和竞争对手的实力了如指掌,还要有能力和实力组织开展,实现自己的设计意图,为企业带来利润。因此,设计师要有良好的修养和丰富的经历,要热爱生活,对一切事物都很感兴趣,要有强烈的好奇心。这样在设计构思时,才能广开思路,广泛借鉴。只有"站在巨人的肩膀上",才能设计出高于前人的作品。

### (六)深厚的艺术造诣

在现实中,人与人之间的确存在着审美能力上的差异,审美能力的形成和提高虽然与人的生理进化有关,但更重要的是来源于文化艺术知识的获取和美感熏陶,来自于不断的学习和实践。在设计领域取得伟大成就的设计大师们,都是依靠深厚的功底、素养,来施展他们出色的设计才华的。

展示设计是一种环境设计,也是一种艺术创作。因此,广泛的艺术修养对于展示设计师就显得至关重要。展示设计建立在企业的风格定位、产品性质上,但我们的展示设计灵感可以来源广泛,如热情奔放的西班牙风格,华美多姿的俄罗斯情调,单纯豪放的非洲风格,端庄鲜明的中国风格,还有简洁明快的蒙德里安冷抽象艺术和波普艺术等,所以深厚的艺术造诣决定了设计师们无穷的创造力。

### (七)对信息具有敏锐的观察力

作为一名展示设计师,对事物具有敏锐的观察力是非常重要的。主持设计一个展示项目,要靠设计师较强的综合能力和敏锐的观察力,这不仅需要技术上的创意,还需要用理性的思维去分析市场,找准定位,有计划地操作、有目的地开展。所以,如何做出你的展示风格,使目标消费者发现你,被你吸引,扩大市场占有率,提高品牌的品位,增加设计含量,获得更大附加值,创造品牌效应,是展示设计师应具备的基本素质与技能。设计创作的最初灵感和线索往往来自于生活中的方方面面,有些事物看似平凡或者微不足道,但其中也许就蕴涵着许多闪光之处,如果设计师对此熟视无睹,不能发现它们的存在,不能及时地去捕捉和利用它们,那么,许多有用的设计素材就会失之交臂。展示设计师对市场要有了解,深入市场,不能闭门造车,坐享其成,更不能异想天开。

### (八)对材料应用具有良性循环的能力

环保作为今天设计界的重点,同样提上了展示的课题,如何做到既创新又环保正是无数专业设计师要探讨的问题。另一方面展示的规模、预算往往受制于企业的投入,它作为产品推广的途径和手段,作为企业更想看到的是如何用最小的投入获得最多的利润,而材料就是展示实现的重点,所以材料应用的良性循环正提上每一个展示设计师的日程。

### (九)对特殊事件具有临场应变能力

只有提高自己在较小范围内的应变能力,才能推而广之,应付更为复杂的问题。实际上,扩大自己的变化范围,也是一个不断实践的过程。修养、应变能力高的人往往能够在复杂的环境中沉着应战,而不是紧张和莽撞从事。遇事冷静,学会自我检查、自我监督、自我鼓励。注意改变不良的习惯和惰性,假如我们遇事总是迟疑不决、优柔寡断,就要主动地锻炼自己分析问题的能力,迅速做出决定。例如,遇到现场环境不允许按预定进程施工、设计图纸与场地不符、发生施工意外、现场某种材料短缺、如何协调现场监管人员与施工工人的关系、运输拖延等,就要迅速地分析这些信息,灵活处理、合理分配人手,以确保实现施工的最终目标。只要下决心锻炼,人的应变能力是会不断增强的。

### (十)负责项目运筹具有全程掌控能力

展示项目的运筹包括:如何获得所需展示的产品信息,如何进行项目的开展,如何分析工作的重点,如何分配设计任务,如何进行过程的方案讨论,如何评定方案的可行性,如何进行方案的推销,如何落实明确方案,如何对方案进行材料的预算、施工的定价,如何把握好施工进度,如何在施工中确保设计方案得到很好的实现,如何确保运输的顺利到达,如何确保现场组装搭建的顺利进行,如何调配人手进行展示现场的产品展示,如何应对突发事件,如何确保展示过程中的气氛持续,如何进行展示完毕后的展品运输及后期保存。

### (十一)团队的合作精神

现代企业在组织结构上是一个军事化的分工合作的集团,不是任何个人能完成所有部门和工种的工作的。作为一名设计师,要想顺利地、出色地完成设计开发任务,使自己设计的产品产生良好的社会效益和经济效益,离不开方方面面相关人员的紧密配合和合作。任何一个项目,都是通过团队共同的力量来完成与实现的。例如,设计方案的制订和完善需要与公司决策者进行商榷;市场需求信息的获得需要与消费者以及客户进行交流;销售信息的及时获得离不开营销人员的帮助;各种材料的来源提供离不开采购部门的合作;工艺的改良离不开技术人员的配合;产品的制造离不开工人的辛勤劳动;产品的质量离不开质检部门的把关;产品的包装和宣传离不开策划人员的努力;市场的促销离不开公关人员的付出。设计师必须摆正自己的位置,切不可高高在上,盛气凌人,目空一切。能否与别人合作,特别是能否与比自己能力强的人合作,往往是一个设计师能否成功的关键。俗话讲:"一个好汉三个帮",因此,作为设计师,必须树立起团队合作意识,要学会与人沟通、交流和合作。

### (十二)设计师的人格魅力

作为一名合格的展示设计师,优秀的品德是首要条件。除了具备上述的知识和技能之外,还有一个非常重要的因素,即设计师的人格——"德才兼备"。如果设计师德品不正,不讲信誉,自私自利,遇事先斤斤计较个人的得失,毫无奉献精神,那么在工作中也就很难敬业,很难替别人着想,也就无法与人合作。目前,政治的稳定,经济的腾飞,展示业的发展为设计师施展才华提供了"天时、地利"的大好环境和历史机遇,而能否成功,在某种程度上讲,关键在于"人和"这个因素的把握。"人和"的现代意义即在工作中能处理好人与人之间的关系,能很好地与人合作,能承认他人的长处,能容人,会用人。展示设计师是艺术的创造者,对本行业要有一种执著的追求,创新探索的精神,虽然工作很辛苦,但又苦中求乐,倍感幸福。

## 二、展示设计的关键

### (一)为谁而设计

在那些有特色的展示空间里,人们常常记住的首先是展示设计所营造的空间氛围而非具体的展品,所以设计师必须时时刻刻在形式与功能之间保持平衡。明确我们为谁而设计? 就好像讲故事,如果没有找对听众,那么交流将无法很好进行。每一位听众都有不同的个人经历、文化背景、性别、年龄、才能和理解方式,而这些会对听众是否能按照你所期望的方式来接受、分析、理解信息带来巨大的影响。正因为如此,当我们准备用设计来讲述故事时,我们要从定义目标观众群开始。对观众群体哪怕只有一点点的了解,都能在设计展览的过程中发挥巨大的作用。要想满足各种类型的观众口味是很困难的,更不用说让每个观众都觉得满意了。但设计师至少要为展览的受众群体进行类型上的选择,并为目标观众群设计参观的路线和模式。最好,我们必须强调一个原则,那就是设计师在做项目时使用的"通用设计原则"还应该对观众的群体与层次考虑得更周全更深入,从而创造一个完整的信息传达环境,与不同层次的观众尽可能地进行交流。

### (二)把握好预算和进度

每个展示设计总是有预算和进度表的,设计师要学会在不打破预算和进度限制的情况下进行创作。你的创造性和高效率的工作是使你自己和你所服务的公司超越其他同行,并将最终赢得市场的关键因素。

### (三)以最有效的空间位置展示展品

展品是展示空间的主角,以最有效的场所位置向观众呈现展品是划分空间的首要目的。逻辑地设计展示的秩序、编排展示的计划、对展区的合理分配是利用空间达到最佳展示效果的前提。因此,设计师中必须将空间问题与展示的内容结合起来进行考虑,不同的展示内容有与之相对应的展示形式和空间划分。如商业性质的展示活动要求场地较为开阔,空间与空间之间相互渗透以便互动交流,展品的位置要显眼。对于那些展示视觉中心点,如声、光、电、动态及模拟仿真等展示形式,要给以充分的、突出的展示空间以增强对人的视觉冲击,给观众留下深刻的印象。总之,给展品以合理的位置是展示空间规划首要考虑的问题,也是能否做成一个成功的展示设计的关键。

## 三、产品展示设计的程序

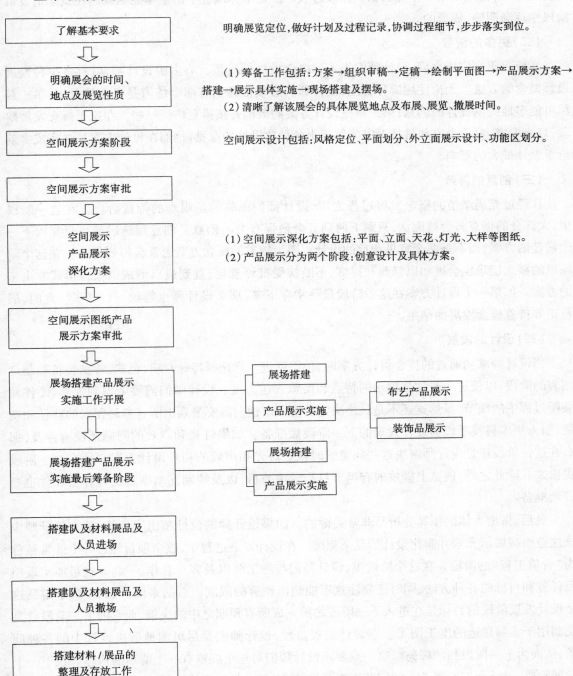

明确展览定位,做好计划及过程记录,协调过程细节,步步落实到位。

　(1)筹备工作包括:方案→组织审稿→定稿→绘制平面图→产品展示方案→搭建→展示具体实施→现场搭建及摆场。
　(2)清晰了解该展会的具体展览地点及布展、展览、撤展时间。

空间展示设计包括:风格定位、平面划分、外立面展示设计、功能区划分。

　(1)空间展示深化方案包括:平面、立面、天花、灯光、大样等图纸。
　(2)产品展示分为两个阶段:创意设计及具体方案。

流程图节点:
- 了解基本要求
- 明确展会的时间、地点及展览性质
- 空间展示方案阶段
- 空间展示方案审批
- 空间展示产品展示深化方案
- 空间展示图纸产品展示方案审批
- 展场搭建产品展示实施工作开展 → 展场搭建 / 产品展示实施 → 布艺产品展示 / 装饰品展示
- 展场搭建产品展示实施最后筹备阶段 → 展场搭建 / 产品展示实施
- 搭建队及材料展品及人员进场
- 搭建队及材料展品及人员撤场
- 搭建材料/展品的整理及存放工作

#### 四、空间展示设计实施的步骤

##### (一)概念的发展

最初的概念常以速写的形式呈现出来。设计师们把他们新鲜的灵感随手在纸上画下来,等待着进一步的发展。实际上,概念的发展是一项艰苦的工作、一项测试概念可用性的研究、一项周密的计划,也是一个无止境的编辑修改过程。展览中体现故事的基本元素就是在概念的发展阶段中逐渐明确、成形的。

##### (二)更多的创意

在所有研究完成之后,设计师们进入到概念发展的阶段。有多少设计师,就有多少种发展设计概念的方法。无论使用哪种方法,设计师们必须留意到有两个练习是必须涉及的:第一是尽可能多地提供设计的创意;第二是把设计方案的范围开拓得更广泛一些。在这个概念发展阶段,灯光专家、材质专家和科技专家能够提出各种建设性的意见,他们在设计方案最终完成之前给予设计最大的影响。

##### (三)创意的筛选

在经过充满激情的概念发展过程之后,设计师们面临的是艰难的筛选阶段。在这一阶段里,大部分的创意将会被淘汰,只剩下两到五个最强有力的创意。创意筛选后最终只能留下一个最佳的方案,而不是两个意见相反的设计。因为较差的概念方案通常会得到肯定!在这个阶段里的概念记录也会被加以修改和提炼,不断接受批评意见,直到最后形成以报告形式拿出来的方案。如果一个设计方案在这一阶段最终幸存下来,那么设计师也能松一口气了。此时,展览正等待着概念发展的结果。

##### (四)设计的发展

当设计师拿到通过的概念设计方案时,他们就进入到选择特殊材质、色彩、特殊装备和制订图表的阶段,以便进一步加强展示的特点和展览表达力度。设计师们需要考虑到家具、硬件和装配过程中的细节,虽然这还不是最终决定的阶段。他们需要策划出所有参展元素的特征和功能,引入更多科技手段为设计发展的下一阶段做准备。如果灯光和声效的问题还没有涉及,那么在这一阶段正是设计师解决这些问题的时候。灯光和声效的初步设计方案必须在这一阶段提出来。除此之外,展览上播放的有声节目和录像节目,以及控制互动项目的计算机软件也要开始准备。

最后,做出大体的预算分析是非常关键的。如果设计师的设计超出了预算,那么设计师应该注意缩减展示元素并简化设计的复杂程度。在设计发展过程中,整个项目经过一个通常被称为"价值工程"的阶段。在这个阶段里,设计师们与施工队以及客户合作,一起寻找最能实现项目任务和目标的各种方法,同时还要注意不能超出预算的限制。总的来说,大家应该了解到这个设计发展阶段的目标是在进入下一阶段之前完成所有预期之中的决策,而它的下一阶段就是绘制用于实际建造的施工图了。在设计发展阶段,设计师们要尽可能地解决设计中的各种问题,从而为下一阶段扫清障碍。这一点要求设计师们对整个展览有一个清晰的构思。在下一个发展阶段,设计师们所要关心的问题不再是设计,而是对于细节的处理。

### (五)管理计划

研究的过程分为信息积累和信息分析两个部分。在这个时期,设计师们需要积累符合客户要求的信息并激发灵感,同时项目成员之间的合作关系也逐渐成形。关于设计的基本规则以及对于设计过程的各种期望也应该在这个时期安排好,包括根据公司要求来调节预算成本等。

### (六)材质的选择

为展示设计选择材质就像为一座房屋选择建筑材料一样,不同的是,为展示设计所选择的材料在价位的高低上更极端一些。材质的选择和展览的财政预算紧密相关,也和展览的规模和内容有关。

此外,设计师的任务就是估算在展示设计任务中运用的材料质量,并且保证预算符合展示的需要。

### (七)多媒体与科技

在展览中融入多媒体和科技元素对于展示设计师来说,是在设计过程中遇到的一个难点问题。安装多媒体和互动设备非常昂贵,在选择和更新上也需要花费大量的精力。多媒体和互动设备在现代的展示设计中是不可缺少的一部分。心理学研究表明,人们通常会记住:所阅读的10%,所听到的20%,所看见的30%,所看见并听见的50%,所说过的70%,所说过并做过事情的90%。

也就是说,你融合的感官刺激越多,留给人的印象就越深刻持久,参展商也可以使原来观众的被动观看经历变成主动参与,带给参观者全新难忘的体验,而这正是互动体验方式的优势。

所以在选择多媒体作为表现手段时,有三个重要的问题需要注意:对最能表现展示内容的展览手法的准确选择、多媒体和传统设施的平衡以及对于多媒体设施的管理。同时,设施的耗损也应该算作是展示内容更新管理的一部分。

### (八)灯光与声音设计

在参观一个展览的时候,你是否问过自己:"我对展览的感觉是什么?"当你在展厅里游览时,你是感觉到冷还是感觉到热?是觉得压抑还是烦躁?大多数情况下,我们的感觉都受到展厅内灯光和声音的影响。虽然灯光和音响有着如此重要的作用,它们在展示设计里却通常是容易被忽略的元素。灯光和声效为展示空间营造气氛,影响着展品的陈列方式和信息的传达方式。在展示设计中,灯光设计是一个非常矛盾的区域,因为它反映了两种不同的设计理念。运用灯光的色温可以控制以人群为基础的展示气氛。

和灯光设计一样,音效的设计也面临着系列的难题。观众们希望在嘈杂的公共环境中能够有一个安静的空间来观察展品的细节。所以,声音的控制就显得十分重要。设计师的作用不仅仅是决定如何使用营造气氛和影响展览叙述的声音,还要考虑和设计在嘈杂的公共环境与幽静的展示空间内声音的转换。声音的设计还具有一个操作难题。设计师要考虑到在一段时间内进入展示空间的观众数量,这个因素和对展示空间的建筑设计构思一样重要。

灯光和声音的设计比展览内的其他设计要更加专业一些,灯光和声音的影响范围广,所以做出的决定超越了设计的表面,涉及展览的核心业务和展览的基本内容。

### (九)与施工方的沟通

完成的作品只有在修建之后才能成为被人们记住的展示作品,而不只是纸上的漂亮设计。而施工方的目标就是把作品以实体的形态表现出来。设计师和施工方合作成功的关键不仅仅在于分享图像的设计,还在于理解对方的意图。选择一个施工方所要考虑问题主要有以下几点:过去作品的质量;对于新科技与方法的思想开放程度和接受程度;在实践方面的背景;是否有特殊工艺方面的能力;与不同的设计师合作的经历。

设计师们必须信任施工方,相信这些经验丰富的施工方能够运用自己的经验来发展建造的方法,而这些方法有可能是设计师们没有想到的。通过接下来的谈话交流,双方能在共同合作的背景下建立对相互的理解,而这种理解有助于让施工方明白设计师的意图。好的施工方能够在材料和建造方法上给出有益的建议,这样能够节省工程的开销。同时,他还能在设计师们原先涉及的某些领域中给出更深层次的建议。

施工方的选择过程看上去十分烦琐,并且极其耗费时间。但是如果设计师们有经验的话,这个过程会相对简单容易一些。有的设计师们已经和施工方建立了良好而稳固的合作关系,在设计的早期概念发展过程中就让施工方作为顾问参与进来。

### 五、总结与评估

在产品展示工作完成以后,要对展示的综合效果进行总结和评估,以确定整个展示方案是否达到预期的目标和效果。

展示最终效果的好坏取决于整个展示是否准确地向受众传达了生产和销售产品的厂商需要向消费者传达的各种信息以及受众的满意度和认可度。

(1)展示的整体效果是否体现了设计的主题思想?

(2)产品展示的整体风格是否统一协调,是否突出了产品的风格特征?

(3)所使用的各种展示材料、灯光、道具、多媒体、音响等与展示的创意主题是否统一合理?

(4)现场实际展示空间的设计是否合理? 实际的参观效果是否满意?

(5)展示的实际造价是否与预算相符?

(6)提出有待改进的意见与进一步完善展示设计方案。

## ✳ 实施展示设计方案流程

### 一、展示方案的确定

确定展示设计方案要经过概念产生和概念的发展阶段,然后对更多的创意进行优选,逐步形成最终方案,同时要制订实施的管理计划。

### 二、展示要素的整合

展示要素的整合包括展示材质的选择、多媒体与科技的运用、灯光与声音的设计以及它们之间的组合关系。

### 三、展示施工的指导

展示设计师在完成概念设计之后，要通过图解方式与施工方沟通，使之明确整个设计的意图并能够按要求完成施工任务，同时要对整个展示工程做好成本核算工作。

### 四、总结与评估

对展示工作完成后的综合效果进行总结和评估，以确定整个展示方案是否达到预期的目标和效果并提出改进意见、进一步完善展示设计方案。

### 思考题：

1. 高级展示设计师应具备哪些素养和工作能力？
2. 展示设计要把握哪些要点？
3. 实施展示设计分哪些步骤？
4. 举一个展示实例来介绍工作的流程。
5. 如何对展示的效果进行综合评估？
6. 举一个家纺展展位设计的实例来说明展示设计流程。

# 第四章　产品造型设计

高级家纺设计师的产品造型设计规划与实施的职业功能是在涵盖初级家纺设计师和中级家纺设计师职业功能基础之上的进一步提升。高级家纺设计师除了掌握全面的产品造型设计与制作知识之外，还应该在分析研究国内外流行趋势的基础之上，把握产品造型设计个性化和时尚化的风格特征，对产品造型设计做出明确定位，制订和指导实施产品造型设计规划。

## 第一节　制订产品造型设计总体方案

### ❋ 学习目标

通过家纺造型设计流行趋势的分析研究和造型设计规划知识的学习，能够对家纺造型设计进行风格定位，并且做出产品造型设计的总体规划。

### ❋ 相关知识

#### 一、国内外家纺产品造型流行趋势分析

在制订造型设计规划之前，高级家纺设计师要收集有关国际、国内家纺流行趋势的信息和资料，对这些信息资料做出分析和研究，提炼出产品造型设计的时尚元素及组合方式，然后根据分析的结果来制订设计规划。

##### （一）国际时尚家居文化潮流与趋势

家居流行趋势是影响产品设计及制造的关键环节，正确解读流行趋势可以促进企业进行产品的开发和营销推广，并引导消费者实际消费。家居潮流与趋势流行的信息是各种家居行业的博览会和时尚类媒体通过动态展示和出版物、互联网等发布的。世界各国的流行预测机构都会定期发布色彩、面料、纹样的潮流与时尚趋势，这些流行发布具有时效性、系统性和权威性，有固定的模式和发布渠道，是流行变化最重要的"风向标"。对于家纺产品设计师而言，及时了解和分析有关家居行业的国内外最新的家居文化潮流和时尚趋势，是一项必不可少的工作。

和家居潮流与趋势的预测相关的资讯主要来源于每年定期举行的几个主要的国际家居产品展会，如巴黎家居装饰博览会、法兰克福家用纺织品展、米兰国际家具博览会、比利时布鲁塞

尔家用纺织品面料博览会、科隆国际家具展、中国广州国际家具博览会等。潮流与趋势预测的内容包括流行主题的设计理念,根据主题提炼、演绎出产品的各方面主要特征,产品的造型、色彩与纹样的运用,材料与工艺以及综合效果等。下面以2009/2010巴黎家居装饰博览会发布的流行趋势为例,解析家居潮流与趋势的预测中的主题是如何用于产品设计的。

**1. 设计的主题及理念**

2009/2010巴黎家居装饰博览会的主题命名为"ANTIDOTES",意思是"救赎"。在总体主题下分为三个分主题。其中,题为Iconoclash的分主题展区:在一个普通的白色起居室中央摆了一张巨大的餐桌,上边随意堆放了一些色彩缤纷、造型简单、以手工制作为主的家居用品,四周的简易的家具随意摆放各式杂物,墙上到处都有随手绘出的涂鸦式图案(图4-1,见彩图)。

图4-1　涂鸦式图案

整个空间宣泄着一种对时代、风格、民俗和装饰等现有生活模式的叛离,它不是消极的放弃,而是以幽默和娱乐的心情面对,传达一种设计理念:再次挑战传统和文化遗产,赋予原本没有意义的东西以价值,重置过剩的东西以新的位置。将古老技术和新科技、自然和人工材质制造、城市和乡村等因素融合,以有趣的时尚的方式自由创造家居生活。这个主题用几个关键词可以概括为:能量、幽默、颜色、乐观、专门技能、民俗、艺术、融合、古怪以及对传统观念的挑战。

**2. 色彩与纹样的运用**

在Iconoclash主题的概念下设计的靠背椅和墙纸,靠背椅上包裹的面料纹样如同街头的涂鸦,而墙纸的图案则像设计师漫不经心对着餐桌上的杯子器皿随意勾勒出的线描草稿。从图片上可以感受到Iconoclash主题用色彩和图案的方法体现幽默、娱乐、颜色和乐观的设计思想。从Iconoclash主题中可以提炼出这一季度的一组流行色彩:以大红、橘黄、柠檬黄、果绿、玫红、亮蓝等极具跳跃感的饱和彩色配以大面积的白色基底,以局部的黑色线条或块面作调和;而主题流行的纹样则是以涂鸦、手绘效果的图形为主。(图4-2,见彩图)

图4-2　色彩与纹样的运用

### 3. 产品的造型、材料与工艺的运用

半成品、不规则、随意变形等为 Iconoclash 主题的产品造型效果,特殊技术、多种材料搭配、非常规材料运用等是该主题产品设计选用材质的原则。从这些图中可以感受到:Iconoclash 主题下的产品通过不同的造型和技术,体现主题的能量、古怪、幽默、专门技能、对传统观念的挑战等设计理念。

从产品造型、纹样色彩和材料工艺等的运用中可以看到 Iconoclash 主题设计倡导的:幽默、反叛、异想天开的设计理念。由此,设计师可以捕捉到这样的信息:强调个性,在满足基本家居功能的前提下,按照自己的意愿,天马行空地肆意发挥是未来家居潮流的一种发展趋势。

### (二)家纺产品造型设计流行趋势分析

#### 1. 家纺产品造型设计的时尚流行概念分析

设计师要收集各层面的展会信息,从各种主题概念解读出流行的关键词,再由各组流行的关键词推敲和归纳出流行的产品风格和造型特征。下面以2009/2010法兰克福家纺展为例,从图片上领会各个主题的设计理念,并对应分析这些设计理念下推导出的造型设计要求。

2009/2010法兰克福家纺展以"期待不期而至"为总主题,推出了包括忘情的陶醉、魔幻大师、炼金术士、时光旅行者、巫术、未来的预言等六个分主题。

(1)"忘情的陶醉"设计理念分析:"忘情的陶醉"展区是在一个缓慢转动的平台上摆放了一大堆白色塑料椅子,台上方悬挂着若干个圆桶,每个圆桶都有油漆间歇地滴下,无规则地滴在普通的白色塑料椅子上,犹如画家写生本上灵光乍现的各种创意被七拼八凑在一起。这组主题解读出的流行关键词:随意的涂鸦、缤纷的色彩、无规则的散落感、现代的白色塑料材质,可以归纳理解为时尚的现代涂鸦、POP 的风格。(图4-3)

图4-3 忘情的陶醉

（2）"魔幻大师"设计理念分析：展区在一个纯白的空间里摆放一圈大型白色的概念装置，这是由高弹力面料将大大小小的圆球包裹组合。在精美的机织窗帘后玩捉迷藏的游戏，层层叠叠的褶皱就像美味的千层酥，在这些柔软又透气的褶皱中自由穿梭，呈现浮雕般的造型。从外形酷似伸展的人体的填充式家具到透明的格子窗帘，再到陈设品的分层和变形材料，一切都以人们从未见过的独特面貌呈现出来。这组主题解读出的流行关键词：柔软的、轻盈的、温润的、层叠的、迷茫的、体贴的、舒适的，可以归纳理解为具有人性化、回归自我放松的现代简约风格。（图4-4）

图4-4 魔幻大师

（3）"炼金术士"设计理念分析：展区中心放置一组有大量黑色几何体组成的不规则概念装置。透过三角形的孔向内张望，随着外部形状的起伏转折，铺满银色锡箔的内壁从多个角度折射映照里面放置的黑色橡胶椅。人们可以看到几何体里面多折面、多角度反射出的多维空间，每一个角度、剖面和曲线都深受建筑结构的影响。这组主题解读出的流行关键词：多角度的几何体、转折的空间、金属的光泽和尖锐等，可以归纳理解为具有建筑结构感觉的简约现代高科技风格。（图4－5）

图4－5　炼金术士

（4）"时光旅行者"设计理念分析：展区的大屏幕不断展现出欧洲各个国家、不同时期的生活场景、印绘了精美图案的用品，图中整齐而有序地摆放着三排靠椅，每把座椅都包裹上了带有不同时期的欧洲传统图案的一套，与四周简单的手绘拱形门洞和窗帘产生强烈对比，使整个空间及充满一种对历史文化的感怀，有呈现出这个时代的人们对简练、优雅的期待。这组主题解读出流行的关键词：怀旧的经典、文化的传承、精美图案、简洁的造型，归纳为现在最流行的家居设计风格即是欧式新古典风格。（图4－6）

（5）"巫术"设计理念分析："巫术"的展区的幕壁上绘满树木、苔藓、溪流的图像，使观众仿佛置身于大自然中。展区里有些居住者正在展示着古代巫者般的生活状态，放弃了所有高科技的用品，手工的编织、悬挂的纤维和各种织物随意放置，与自然为伴，取人工仿制的动物皮草、毛发和羽毛，苔藓和树皮的有机表面等草木之精华为衣被御寒，仿天然的面料和再生面料，是自然、工艺和技术的完美结合。这组主题解读出的流行关键词：原生态、手工化制作、回归自然、层叠、肌理、质朴拙笨，可以归纳理解为具有原生态、质朴、简约的现代自然风格。（图4－7）

（6）"未来的预言"设计理念分析：展区里黑色幕壁上，地球正用深邃的目光注视着眼前纷

图4-6 时光旅行者

图4-7 巫术

乱杂陈的各种人类文化——由不同人种、不同地域、不同民族创造出来的各种物质产品相互糅和。这个主题概念形象传达出一个信号：当今国际家纺市场多元化、细分化的趋势越来越明显，但这种贸易和市场的细分是有规律的，"地球眼"的浮雕和丰富杂陈的各种织物及家居用品诠释了人类文化相互交融时代的到来，表明全球大视角下的多元共生是家纺市场发展的总体趋势。从展示中我们可以解读到这一组主题概念的流行元素：各种文化的民族元素、手工艺感觉、缤纷的色彩印象与现代的产品造型等。

该主题的特征表现为：多重混搭，极尽所能地挖掘各种民族织物色彩、纹样，利用多元文化的混搭组合，体现绿色环保技艺和传统手工艺术的全新融合。（图4-8）

图4-8　未来的预言

### 2. 家纺产品造型设计的流行要素分析

国际家纺产品款式的流行资讯主要来源于欧洲各国的主要家居产品展会，家纺产品造型设计的流行要素是在不同的展会中的各个主题所传达的设计理念中提炼出来的，根据主题的不同而产生多组不同的设计风格。当某种风格和主题的元素出现在展会和媒体的频率高了，引起了行业的关注和消费者的注意，这种流行的设计风格就会迅速在设计师们的手下发展演化，并形成一些具体的流行设计要素。一般来说，家居产品的流行款式都是围绕着展会的各个分主题的设计理念展开。家纺产品的流行元素可以体现在外部造型上，也可以体现在产品的面料、材质的组合上，有时还会体现在某种装饰工艺上。

（1）流行面料的分析：有关流行面料的资讯一般在专业的家纺产品展会上会有信息发布，也可以通过各种相关媒体的介绍获得，主要以平面画册及各种面料小样的形式展示，有时也会以立体悬挂或小件成品形式展现，以配合一些观众触摸和感受面料的造型效果；同时，各参展商也会在自己的展位上尽量展示出自己产品的风采。面料的流行趋势要从色彩、图案、肌理、纤维与织造等角度进行收集和归类。

以下是2009/2010法兰克福家纺展中对应六个分主题的流行面料的趋势发布，从图中可以感受到各个主题设计理念对相应的产品设计要素中面料的选用要求。

①"魔幻大师"主题面料：面料基本是没有花纹的浅色效果，色彩以粉兰、粉红、奶油白、烟灰等轻柔的色系为主调，凸显表面各种立体的肌理效果；材质上选用高科技加工的填充材料，触感如肌肤，显现出非常柔软的轮廓线条的弹性面料；层层叠叠的褶皱，充盈而且具有蓬松感，犹

如羽毛般柔软又透气(图4-9)。

图4-9　"魔幻大师"面料

②"炼金术士"主题面料:图案以几何纹样为主,严谨的线条和立体的造型不断重复,从而形成阳刚的图案样式和分层,在亮光和亚光的面料间不断转换;金属化的拉绒材料,古色古香的外层,厚羊绒、灰色法兰绒和斜纹软呢等面料,为织物带来了铠甲般的保护壳;采用锐利的激光切割技术及有节奏的装饰性样式,强烈的蕾丝和格子造型带来了全方位的动感效果。(图4-10)

图4-10　"炼金术士"主题面料

③"时光旅行者"主题面料：面料色彩以各种灰、蓝、褐色和黑色等中性偏冷的色系为主；纹样以装饰派艺术为主题，受领巾启发而设计的图案样式，透过光滑的丝质面料，在珠宝般的阴影中闪闪发光，也赋予了格子面料新的风貌。配以精美绣花的蕾丝，加上串珠装饰和充满感性的金属片的点缀，面料充满着女性触感。毛皮、羽毛，带有大自然气息的丰富图案和编织样式，完美再现了新艺术主义风格。精致、厚重、丰富、古典的面料，增添了一种戏剧的触感。（图4-11）

图4-11 "时光旅行者"主题面料

④"巫术"主题面料：色彩的选择偏向纤维自有的天然色泽，如灰绿、亚麻色、综栗、芥末黄等，织物效果则采用植绒和毡状非织造布面料，具有立体感，可以做成很多特殊效果，模仿自然的肌理来套印树叶、动物皮毛及木纹的花样。同时还以纱线做自由的穿插效果，流动的纱线为手工编织的面料带来了一种现代乡村气息。（图4-12）

图4-12 "巫术"主题面料

⑤"未来的预言"主题面料：织物色彩丰富，采用大量编织、拼缝的手法，图案则为民族图案和样式，绣花、钉珠绗缝等传统手工艺的装饰与环保材料融合，多重混搭形成华丽多彩的混搭效果。（图4-13）

图4-13　"未来的预言"主题面料

⑥"忘情的陶醉"主题面料：织物的色彩浓烈而丰富；表面肌理通过技术加工具有各种光泽和效果，如有金属或塑料光泽、动物皮革或鳞片的效果；图案则是电脑处理的波普艺术和欧普艺术的现代抽象图形。（图4-14）

图4-14　"忘情的陶醉"主题面料

（2）流行款式与结构的分析：款式的流行趋势和结构的资讯并没有专门的机构和组织进行预测发布，主要以各个公司的产品展示的形式展现。流行款式与结构常常会在不同的国际展会上陆续出现，设计师要从各种展会的产品展示中归纳和收集资料。下面对2009/2010法兰克福家纺展中的"时光旅行者"主题推导出的流行要素预测进行分析，并从其他家具展中寻找这组流行元素的踪迹。

"时光旅行者"主题的流行要素关键词是怀旧的经典、文化的传承、精美图案、简洁的造型，主要体现为欧式新古典风格的特征。（图4－15）

图4－15　简欧造型家纺产品

从图4－15中可见简化的欧式古典造型的木床及系列家具产品。其配套的床品则采用现代的直线造型，没有添加任何装饰的工艺，纹样采用黑色条格配以传统的蓝色法国茱伊花布，体现了前面趋势中提炼的怀旧的、经典的、历史感、艺术感等流行元素。

由图4－16可见，木制靠背椅保留着古典家具的精致造型，上面蒙罩的装饰面料则是经过设计师精心设计的，有从古典风格的装饰细节中抽取元素进行简化的现代几何的纹样，符合新古典风格的设计特征。

图4－17所示为一系列新古典风格的卧室产品。其中布艺大床用软质的皮材打造出欧式古典的贵妃椅靠背的造型，床沿则用欧式古典沙发中常见的软包加钉扣的装饰，纹样和色彩都尽量弱化以突出产品造型。从上面的例子可以解读出欧式新古典产品造型的设计手法：复杂的古典造型配以简约现代的面料；简约的产品造型配以经典的纹样。

（3）流行工艺的分析：流行工艺的资讯并没有专门的机构和组织进行预测发布，通常新工艺的展示会体现在各个商家季度最新产品展示中，设计师要从各种展会的产品展示中归纳和收集资料。不同风格的产品设计通常会偏向于选用某几种常见的工艺，但是从近些年的各类展会

图 4 - 16　新古典风格的靠背椅设计

图 4 - 17　新古典风格的卧室产品

中,常见的软包钉扣、立体玫瑰花、铜扣铆钉等工艺却在不同风格的产品中出现。

　　软包加钉扣的形式过去一直是欧式古典家具里的经典装饰,通常运用在具有细腻质感的高级真皮家具中,而现在流行的设计中却常见各种时尚的面料配这种古典的软包加钉扣手法作装饰。如图 4 - 18 中的沙发、坐垫、布包大床、墙面就采用软包加钉扣的形式,只是面料的色彩、材质和纽扣的形状根据产品的定位变换了搭配效果。其中一款白色沙发以发光的 LED 灯作为的钉扣,在传统设计中添加了让人意想不到的趣味。

图4-18　软包加钉扣手法的装饰设计

　　立体效果的布艺装饰一直是近几年家居时尚趋势的亮点,科隆家具展和巴黎家饰展上,潮流设计师们也几乎用一致的设计形式,表明立体的花朵、叶子等造型和图案将成为主要流行元素之一。

　　图4-19中有仿旧的古典造型椅子,也有现代造型的沙发、抱枕、床靠背、床品和灯罩,全部产品上都采用了立体造型的布艺玫瑰花作装饰。

图4-19　流行工艺的运用

由上述的例子可以发现,流行工艺的细节运用是可以跨越产品的种类和设计风格的。

(4)流行色彩搭配在造型设计上的运用:从流行色彩搭配的角度看,流行造型设计上也要紧扣当今的时尚流行色彩。流行的风格是某个历史时间段里一种为人们普遍所接受的大趋势,风格的概念是比较抽象和笼统的。在流行风格的影响下,每年和每季度,那些走在潮流浪尖的时尚产品设计师都会根据某种风格制订具体的主题,确定纹样的效果和流行色的搭配。因此,可以这样理解:趋势和风格的时效性比较长,一般都会流行几年甚至几十年;时尚潮流时效性比较短,一般只有一两季至一两年。因此,在收集家纺产品的流行资讯时,要把握整体的趋势,了解最新流行的色彩、纹样与面料,以使产品设计可以根据产品的定位,选取和运用时尚流行的元素。

如图4-20(见彩图)所示,灰色、金银、粉色系是2009~2010年的时尚流行色彩搭配之一,所有的产品色彩选用都是围绕着这个主题色调展开;图4-21(见彩图)中的产品有中式风格、自然风格和现代风格,设计所采用的配色是以紫、黄的流行色彩搭配。由上面的例子可以发现,流行的色彩运用就如流行细节一样,有时是不拘泥某种风格的。

图4-20　时尚流行元素的运用

(5)流行款式、面料、辅料与造型整合的综合效果分析:家纺产品的造型设计根据趋势的主题理念具有自身的流行特征,但是造型设计离不开款式、面料、辅料、色彩等元素,因此,家纺产品的流行造型设计是流行款式、流行面料、流行色彩等整合的结果。

在图4-22中的右上角,有一组具有浓烈民族风情的床上用品,包括西亚地区民族特色的缎染绗缝被套、纯手工打缆的土蓝色床旗、灰蓝色蓝印花床单等;图左边的系列窗帘和抱枕也运用了彩色缎染纹样;图右下角的鲸鱼造型靠背椅则采用了马来西亚群岛上独具风情的点彩蜡染纹样。图4-22中的产品充满民族风情,但又无法分清具体属于某个地区、某个民族的风情,是多种民族元素的混搭装饰效果。

图 4 – 21　流行色彩的搭配

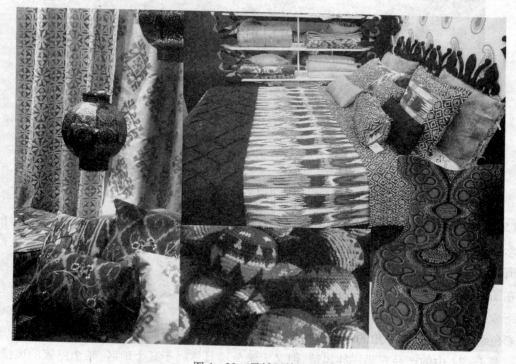

图 4 – 22　异域民族风情

从各国家居产品展会中的流行主题中可见,2009～2010年的面料图案中,花草植物主题还是展会纹样的流行主题。其中,叶子和花卉主要是热带植物题材的大花、大叶。除此以外,枯枝、寒鸦等北方冬季题材也以剪影、线描的形式出现。

图4-23中的两款沙发造型都是以方正、整洁的形势展现冬天的树木剪影图案,其中黑白色的高背沙发是流行款式,屏风式的靠背形成一个半围合的私密空间;图中的灰蓝色壁纸、黑白背景墙、抱枕都以各种影绘和线描的形势表达这个主题。

图4-23　展现冬天树木的主题设计

现在的民族文化融合和科技生产的进步使得产品设计越来越个性化、多元化,家居装饰设计在某种程度上说,已经没有明确的风格界限,设计师采用不同风格的产品以达到自己的设计构思。家纺产品的设计顺应这种家居装饰的潮流,也呈现出多元的趋势,产品的流行造型通常是以某一种风格为主,同时从其他各种风格中抽取某些元素的重新组合。

**(三) 家纺产品造型设计定位**

高级家纺设计师按职业要求对企业品牌产品的造型设计做出全面规划,而首要的工作是针对企业的营销目标做出产品造型设计的定位,要按企业的目标市场、目标消费群、产品档次、产品特色做出明确的、切实可行的定位。

### 1. 目标市场定位分析

目标市场就是企业营销活动所要满足的市场,是企业为实现预期目标而要进入的市场。在进行全面的产品企划之前,高级家纺设计师应该熟悉家纺行业的细分市场,同时了解各个消费者群体的需求、购买行为和购买习惯等,再根据企业自身条件,选择进入一个或多个细分市场作为目标市场。

（1）家纺行业的市场细分：要明确和选择目标市场，首先要对家纺行业的市场进行细分，家纺设计师要依据消费者的性别、年龄、民族、职业、文化程度、心理特征、行为特征、地域特征、收入、消费支出等资讯，分析消费者的需要、购买行为和购买习惯等方面的明显差异性，把家纺市场整体划分为若干个消费者群的市场。以下是进行市场细分时需要考虑的有关因素。

①消费者的家庭结构：单身者、新婚家庭、有子女的家庭、空巢期家庭、几代同堂的家庭。

②产品的档次：高档产品、中高档产品、中档产品、中低档产品、低档产品。

③销售的市场：国外市场（如欧美市场、中东市场、俄罗斯市场、东南亚市场等）、国内市场（如北方市场、南方市场；一线城市市场、二线城市市场、三线城市市场）。

④产品的使用场所：婚庆类、家居类、酒店类、商业娱乐场所、办公场所。

（2）目标市场的选择：选择目标市场之前，要对市场的价值水平、市场容量、需求潜力、进入成本、成功概率、收益水平进行详细分析，然后再根据企业自身的可控资源，选择进入一个或多个细分市场作为目标市场。然而，目标市场的选择除了上述的分析外，还要参考许多各种社会环境的因素，如气候、民族、地域、历史文化、经济科技等宏观因素，还有行业、企业自身、供应商、营销中介、顾客、竞争者和公众等微观因素。

（3）案例分析（南方寝饰家纺的目标市场定位分析）：

①企业自身的可控资源分析：南方寝饰家纺拥有近30年床上用品生产和经营历史和经验，企业的品牌、研发、销售、生产都具有自身的优势，因此南方寝饰家纺以床品作为主要的经营产品。

②市场容量、需求潜力分析：据统计，目前国内每年有近1000万对新人喜结良缘，每年因结婚产生的消费总额已达2500亿元，带动了包括婚纱影楼、婚庆服饰、家居饰品在内的40多个相关产业的发展，因此婚庆家纺的市场具有相当的潜力；南方寝饰家纺品牌定位为"婚庆床品专家"。

③从消费者的需要、购买行为和审美习惯分析：结婚前，大多数准新人都是在父母长辈的陪同下来选购，因此父母的意见会对他们的选择产生一定的影响。南方寝饰家纺的产品系列针对长辈和年轻人的审美进行产品设计的整合。在色彩方面，产品系列以红色为主，同时融入更时尚而多元化的红，有酒红、藏红、宝红、胭脂红。在纹样方面，糅合中国古典特色与现代风格，除了中国特色的喜凤、双喜等传统的图纹，也有欧式的卷草纹、玫瑰花、牡丹花等，这既满足了长辈们对传统的遵从，也符合了年轻人对时尚的追宠；有些消费者会觉得红色只用一段时间，不实用，喜欢选择一些清新雅致产品，针对这类型消费需求，产品系列又有粉色、紫色等休闲时尚现代的婚庆床品，以欧版款式为主，同时也会有些中国特色的元素加入。

**2. 消费者定位分析**

（1）消费者的划分：家纺产品的设计开发要在市场细分研究的基础上，理清目标市场的特征，明确目标消费者的需求，从而判断自身产品与服务的定位。服装消费者划分是了解目标消费群体的前提和基础，也是进行目标市场定位的前提和基础。对家纺产品消费者的划分通常有社会阶层、家庭结构、人口特征、心理因素等划分标准。

①以年龄划分消费者：儿童、少年、青年、中年、中老年、老年。

②以性格划分消费者:情感型、理智型、信任型。

③以收入水平划分消费者:高收入、中高收入、中等收入、中低收入、低收入。

④以性别划分消费者:男性、女性。

(2)针对消费者的需求进行产品造型的定位:不同类型的消费者对于产品造型有着相当大的需求差异,设计师要深入理解各类消费者生理和心理上的需求,结合产品本身的造型特性进行产品开发设计。

比如说,儿童家居产品要求造型可爱,产品的尺寸上要符合目标年龄段的孩子的身高比例,结构设计要安全结实,避免硬质尖锐的边角,面料材质要柔软舒适,色彩要鲜艳活泼等。现在市场上流行的"懒骨头"和高密度海绵包裹的布面家具就十分合适做儿童沙发(图4-24)。

图4-24　儿童沙发设计

老年消费者对于对产品的材料、做工和质量比较关注,产品要符合老年人的生理活动特点,如沙发和床铺的高度不能太低,最好有结实的扶手,以方便老年人起身站立。

当然,具体设计要具体分析,设计师要根据目标市场的消费者需求变化进行设计,不能照本宣科套用理论。以下表格是男性消费者和女性消费者对产品造型的需求分析。

**男性消费者和女性消费者对产品造型需求的分析**

| 项目 ＼ 性别 | 男性消费者 | 女性消费者 |
|---|---|---|
| 款式造型 | 要求简洁精练的直线造型,强调体积感、稳重感 | 要求精致结构、弧形或曲线造型,与花朵有关的花形,较为繁复细腻 |
| 材质、肌理、手感 | 偏爱肌理效果明显的金属、原木、磨砂等材质,触觉要求比较厚重、硬朗、结实的面料材质 | 偏爱透明、晶莹、掩映多层的视觉感受,喜欢半透明的镂空、薄纱效果的面料和工艺,触感柔软、细腻、温润的面料材质 |

续表

| 项目 \ 性别 | 男性消费者 | 女性消费者 |
|---|---|---|
| 色彩、纹样 | 趋向整体的明度偏低，色彩对比度较小，感觉稳重的色系，更偏爱冷色系。纹样多为兽皮斑纹、几何条格纹样 | 追求颜色的协调，整体明度和纯度较高。比较偏爱暖色调，温馨、柔和的粉色系或者华丽鲜艳的色调。纹样以花草纹饰、自然题材为主 |
| 工艺与配饰 | 工艺手法简练，比较少用配饰 | 装饰的工艺手法多样，常见的有绣花钉珠、绗缝拼贴等搭配，喜欢蕾丝花边、毛绒、珠子缎带装饰 |

需要注意的是，消费者表面上关注的可能是外观图案、款式、手感、质感，但实际上可能是一种情愫、一种生活方式、一种对生活的向往和追求。布艺设计研发必须从消费者心理起步，不是简单的图案和颜色、面料的组合。正如现在粉色系产品流行，其表层原因是日韩可爱文化流行，本质原因是现代人，尤其是女性，由于生活、工作、学习的压力较大，希望能够让自己放松、想做一个不想长大的小公主，或是变得更加有女人味，所以针对这样的群体，布艺设计从业人员就可以有很大的空间可以发挥了。

对布艺产品，以其装饰的艺术性而言，应该叫做作品更贴切。布艺设计的源头来自欧陆各种艺术、时装，珠宝等领域。布艺实现跨界设计，将设计前置到这些领域，吸收更多的素材和养分，坚信作品理念、生活方式的设计，而非简单的设计产品。布艺作为介于家纺和家居两大领域的跨界行业和跨界产品，在同时对产品研发和营销之间形成有机的反馈和沟通。以艾迪蒙托的床品系列为例，其设计理念充分展现了布艺装饰的艺术性。（图4-25）

图4-25　艾迪蒙托床品

### 3. 产品的档次定位分析

家纺企业在品牌战略中必须考虑本企业在产品设计上档次的定位，是定位于高档、中档还是大众化。家纺设计师要针对目标人群的消费能力和消费心理，选择适当的造型要素进行产品的造型设计，从而达到相应的档次要求。当然，最好的设计是在不增加制作成本的情况下，尽量使产品系列变化丰富，增添商品的价值感。

下面对不同收入人群的消费偏好和需求差异进行分类，并对应做出产品的档次的设计分析。

（1）高端产品：高收入人群购买家居产品时很少考虑价格，对产品的品质要求很高，非常注重追求产品的附加价值，关注产品与家居风格是否一致，是否能体现出自己的价值、身份与生活方式的特征等。高端产品注重外观效果与产品使用功能的完美结合，设计时要精心构思产品的图案、色彩及款式等设计元素的组合。产品要具有独特性、尊贵感，体现设计理念、艺术风格，常将国际最新最时尚的流行造型元素融入高档产品中，以符合高端消费者追求时尚、引领潮流的消费心理。面料的材质采用高档的细特高密纯棉、真丝面料等天然纤维材料、图案新颖、装饰效果独特或具有抗菌、防皱、防静电等特殊功能的高科技面料；产品的装饰工艺和辅料配饰不受价格的限制，设计师可以按照设计的构思选用各类复杂加工工艺，充分体现设计的理念。

另外，消费者消费水平的差异决定了整体居室风格的设计是否能够完美体现。例如，高收入的消费人群要求家居装饰除了满足生活需求以外，他们还会追求更多精神上的满足，居室风格是他们的身份、财富、文化涵养的一种体现，也愿意为此投入大笔的资金来达到自己理想的居室风格。

（2）中端产品：对中等收入人群而言，价格和质量是重要的选购因素。中等收入人群比较关注高档产品，希望购买的产品价格在可以承受的范围内具有高档产品的外观效果。同时，中等收入人群比较注重产品的流行趋势，倾向流行的款式、面料和颜色。产品设计要注重外观效果，款式造型和纹样色彩可以借鉴高档产品的构思，但在面料材质和工艺效果上，产品设计要素的选择与搭配常受到制作成本的限制。有时为了达到某种设计效果，要放弃一些装饰要素或者简化一些工艺手法。

（3）中低端产品：价格是中低收入人群最重要的选购因素，购买产品时非常注重产品的价格与品质，即面料与工艺方面是否与产品的价值相等，一般都会购买比较便宜的产品。因此，对应的产品设计在选材和加工工艺上会受到较大的限制，设计师要尽量从结构和工艺上简化程序、降低材料和制作成本，要在有限的装饰手法上发挥产品色彩、纹样的最大功效，使产品从外观效果上接近流行的风格。比如说，选用档次较低的印花面料，采用流行的色彩和纹样，使产品看起来很新颖靓丽，采用直线剪裁减低加工成本，用印花工艺来模仿钉珠、绣花的装饰效果降低造价等。

**（四）产品造型特色分析**

家纺企业的品牌战略重点要研究市场竞争对手的产品与本企业产品对比的优劣。因此，在产品造型设计上，要围绕企业的总目标做好产品造型特色分析。

从大的方面讲，家纺产品造型特色体现在产品的独特风格和消费者的特殊价值的实现。下面以淑女屋床上用品公司的产品造型定位进行简单分析。

"淑女屋"是国内知名的公司，该公司旗下有五大品牌，其中 FAIRYFAIR、淑女屋、自然元素、小淑女与约翰等都是服装产品，床上用品是"淑女屋"涉足家纺产品市场的尝试。淑女屋整体品牌理念是"美好女人一生"，五大品牌围绕女人一生的不同时期展开，因此，淑女屋的床品也被打上了鲜明的"淑女"的烙印。由于是在服装品牌的基础上建立起来的家纺系列，淑女屋家纺系列产品利用现有的服装品牌理念、经销渠道、消费知名度和客户群等，从销售渠道上另辟蹊径,产品的造型设计很好地利用了服装设计的装饰工艺,将自身的强项和优势发挥极致,巧妙地避开了其他专营家纺产品企业的竞争优势对比。

从淑女屋产品造型上分析其设计特色:色彩以纯白、象牙白、粉红、粉绿、粉紫为主;面料选用优质素色或印花平纹布,高档提花面料,手感柔软舒适,先进环保的工艺印染,点滴间流露的都是精致而素雅的情怀。纹样上,经典的英格兰乡村碎花、素色、小条格是永远不变的题材;另外,蝴蝶结、荷叶边,棉质的鸽眼绣花边、手工十字绣、缎带绣花、抽褶打缆等细致精湛的制作工艺,都是淑女屋常用的装饰手法,穿插在家纺系列产品的款式细节中,极尽少女般的浪漫诗意。

## 二、制订产品开发方案

产品开发方案是对产品设计实施的总体规划,它包括对产品整体理念、风格的规划,对每一季主题推出的内容与方法的规定,总体设计方案的出台对于设计元素的采用的规定等内容。

### (一)确定产品开发的理念和产品造型设计的主题

产品的品牌理念是产品设计的基础,是对企业产品整体风格、形象的一个概括性的描述,它规定了产品设计的方向,决定设计的主题和方案依据什么来确定,具体设计的手法如何运用,坚持什么原则,并最终使产品以什么样的面貌出现。产品理念的制订可从以下这几个角度考虑:追求功能性、追求艺术性、追求人本性、追求流行性。

产品的品牌理念是对企业产品整体风格特征的限定。企业每一季推出的产品都需要设定一个季节的主题,才能使具体的设计有法可依,从而使设计部门的人员清楚地安排每一项设计工作的目标和工作内容。主题的设定较理念的设定更加具体化、形象化,设计师要研究当季的流行资讯,构思当季的设计主题。

如富安娜品牌的床品强调艺术性,要求设计以强调产品的原创性为宗旨,以充分满足精神需求至上的消费者对家居产品的需要,这样的理念属于以艺术性追求为主的设计理念,它适合一部分追求个性、唯美的消费群体使用,产品设计的把握需要一定的高度。

产品造型设计的主题一般用"主题概念板"的方式来表现(图4-26)。

图4-26　主题概念板图例

**(二)确定产品造型设计的色彩搭配方案**

根据每一季的主题内容,设计师应确定产品造型设计的色彩计划。色彩计划是从主题内容的元素中提炼出某一种色彩基调,从这样的一种基调中,抽取一组或几组相关联的色彩,成为一个或几个色系,就形成了下一季要推出的产品的色彩方案。

色彩计划指导着某件产品设计的色彩搭配,而产品系列的色彩组合搭配也将围绕着这个色彩主题来进行,如系列的产品色彩搭配的印象是柔和的还是跳跃的,冷调还是暖调,是高明度还是低明度,色彩的纯度是高纯度或是低纯度,等等。色彩计划就是通过图片和色标的形式,将产品设计的色彩搭配效果直观地显示出来(图4-27,见彩图)。

很好地把握深暗的冷色,衬托出浓艳暖色,既突出暖色的张力而又不刺目。

大红色、洋红色、橙色的厚薄不同的轻纱大胆碰撞,在窗口透入的阳光抚慰下,体现出一种高贵的姿态,无论是坦然的流泻,还是含蓄的韵畅,织物与色彩交织的魅力已经成为空间的主人。

图4-27 色彩概念板(色彩计划)

**(三)确定面料、辅料的选用**

根据每季的主题内容,设计师要确定产品造型设计面料、辅料的选用要求,即产品造型设计的材料计划。色彩的传达永远都是依附于一定材质上的,设计师在制订色彩计划的同时,对产品材料的应用计划也便自然形成。

家纺产品的材料计划主要包括面料和辅料两部分内容。面料计划主要规定了产品面料的质地、质感、纹样等内容的大致范围。面料的质地包括厚薄程度、编织的细密程度、透明度等,面料的质感则包括了面料的表面肌理感、纱的粗细、柔软滑爽程度、垂感、触感等,面料的纹样是指面料的色彩、图案及图案的大小配色等。

辅料是用于辅助和装饰家纺产品的材料。辅料可以作为产品面料的辅助材料以突出面料的装饰效果,但辅料的运用可以灵活多样,有时可以超越面料的应用效果,而成为设计的主要手段。辅料的种类涉及绳线、非织造布、金属、玻璃、塑料等许多种材料,丰富多样,质感变化奇特,塑性变形的手法多样,有时可以达到纺织面料无法达到的特殊效果,有时还可以改变面料本身的特性和视觉效果,创造独特的材质效果(图4-28)。

图4-28　注重细节装饰的产品造型设计

　　产品的价格定位限制了材料和辅料的选用,在产品面辅料计划中,一方面要符合该季的主题内容要求,要考虑材料的效果;另一方面要符合产品的档次和价格定位要求。

**（四）确定整合款式的方法和制作工艺**

　　造型方案的出台只是对产品设计整体造型的一个概括构想,并不是具体的产品造型的出台,因此,它往往只规定了一些造型的方式和方法,如下一季产品的造型大致应以长款为主,还是短款之间的搭配,应该在哪些造型部位突出特色,需要开发、研制什么新的裁剪或造型技巧等,以便设计师们进一步深入。其次,设计师还要对新品的搭配组合提出方案,规定出新品上市组合的方式、方法、服装与配饰的搭配方式等。（图4-29）

色彩:整体色彩稳重大方,深色调为主;辅料较多选择与产品对比的色彩搭配;帘头的配色布与产品本身的色彩有明显的明度对比,配色布占帘头的三分之一左右,与帘本身在色彩上形成一种空间感。
帘头多采用秋波以及有欧式风格造型的艺术帘头,帘头多层表现,帘脚拖地,有欧式贵族服装雍容华贵之感。

图4-29　产品款式整合概念

# ❋ 制订产品造型设计方案的流程

## 一、对国内外产品造型流行趋势做出分析

收集国内外有关产品造型流行趋势发布的信息、资料并对相关资料做出分析。提炼出流行的各种要素以及要素组整合形成的流行风格特征,对产品造型设计方案做出方向性指导。

## 二、对产品造型设计做出定位

产品造型设计的定位主要围绕目标市场、目标消费对象、产品的档次、产品加工的工艺技术、产品的主要风格等方面进行。

## 三、确定产品造型设计的主题

产品造型设计的主题是在造型设计定位基础上做出的具体的、系列化的设计方案。制订造型设计主题时,要确定主题名称、主题风格、产品设计要素以及要素整体搭配和组合的形式。

## 四、确定产品造型设计的材料运用

家纺产品造型设计的材料分为面料与辅料,要根据产品各系列主题的要求选用适当的面料与辅料,配搭上要求风格统一、协调。

## 五、确定产品造型设计的制作工艺

确定产品造型设计的制作工艺是指产品从原材料选用到产品的缝制加工,一直到最终产品的完成所要运用的加工工艺和加工方法的确定。

## 六、确定产品造型设计的色彩方案

产品造型设计的色彩方案的制订要考虑面料色彩和辅料色彩在整体搭配上是否协调统一,是否符合产品系列设计主题的要求。

## 七、确定产品造型设计的个性化特征

产品造型设计的个性化特征要体现产品在造型设计方面的最终效果具有与众不同的独特个性,要对消费者能产生强烈的吸引力。

## 八、编制产品造型设计计划书

按照上述七个方面的要求制订详细的产品造型设计计划书,设计计划书要对下一步实施设计计划的细节做出详细的说明。造型设计计划书要附加相关图片、图纸和制作说明的文字资料。

**思考题：**

1. 分析国内外产品造型设计流行趋势要把握哪些要点？
2. 试根据你采集的当前家纺流行信息作一个分析报告。
3. 如何在产品造型设计中体现出产品个性化特色？
4. 制订产品造型设计计划要把握哪些要点？
5. 试就某一具体家纺类产品造型设计编制计划书。

# 第二节　产品造型设计表达

## ✳ 学习目标

通过对产品造型设计风格定位知识的学习，能够在产品造型设计计划实施中体现产品造型的时尚风格，并且对产品造型设计创意做出全面的分析说明。

## ✳ 相关知识

### 一、产品造型设计的风格定位

家纺产品的风格集中体现为产品造型风格。产品造型风格与家居文化和人们的生活方式息息相关，某种特定的设计风格体现出消费者个性化追求的最高境界。一种风格的形成与发展，有其历史的渊源和文化的背景。某种风格的形成反映了消费者生活追求的趋向，有当代艺术潮流所造成的影响，有来自社会变革所造成的影响，另外还有设计师依靠科技进步而进行造型设计的因素。

### （一）根据消费者的生活追求做出风格定位

家居风格在很大程度上体现了消费者的个性与内涵，而不同类型的消费者的生活态度、收入状态和居住环境决定了他们对居室风格的选择。

设计师在进行风格定位的时候，实际上是根据消费者的生活方式和生活追求来定位风格。如生活在繁华都市的人们常常被快速的节奏和紧张的工作挤压得透不过气来，城市中狭窄的工作和生活空间也让人感到压抑，每天工作之余，总有极强的渴望去追求一种彻底放松的环境和氛围。因此，这些人在装饰家居的时候都会选择休闲、浪漫、舒适的家居格调。由于每个消费者的性格爱好都不同，他们又倾向于不同的居室类型风格：有的性格热情开朗，喜欢时尚缤纷；有的性格冷静内敛，喜欢简约素雅；有的喜欢旅游探险，家居就会趋向异域风情；有的娴雅文静，家居就会趋向田园风情。

另外，消费者的消费水平和年龄的差异决定了某种居室风格的设计是否能够完美体现，而装饰元素体现手法的差异又使具有某种文化特征的风格分成若干种风格。例如，同样是喜欢欧洲文化和欧式风格的家居装饰的人群，但不同的收入状况、年纪和阅历，他们会选择传统的欧式古典风格、简欧风格、欧式新古典风格等。追求欧式古典风格的高收入人群,为了能尽量完美他们的身份、财富、文化涵养,会愿意为此投入大笔的资金以达到传统的古典的欧式风格效果,从整体效果到每一处细节都要求材质、工艺上的完美极致,尽显金碧辉煌、华丽富贵的效果;而喜欢欧式风格的中等收入人群则会选择同样具有欧式符号,但在产品的材质和做工要求都简化了的简欧风格;崇尚欧洲文化的年轻消费人群则会喜欢具有现代设计理念、具有欧式古典装饰元素的欧式新古典风格。

实际上,欧式田园风格也是欧式古典风格的一种简化和演变,只不过,这种演变经过了一百多年时间的沉淀,自身也成了一种经典风格。而这种经典风格也同样演化出了不同流派的田园风格,如法式田园、英伦田园、美式田园,以及现在所谓的韩式田园风格。

下面分别就国际上目前比较流行的布艺沙发造型、座椅造型设计风格和床上用品造型设计风格举图例说明。图 4 - 30 所示为不同风格的布艺沙发和座椅造型设计,图 4 - 31 所示为不同风格的床上用品造型设计。

图 4 - 30　不同风格的布艺沙发和座椅造型设计

**(二) 以某种艺术风格的影响做出风格定位**

家居产品的风格设计是产品的艺术设计,与绘画、工艺美术、服装等其他艺术设计形式之间有着必然的联系。对于不断寻找设计灵感的设计师来说,艺术潮流无疑提供了最直接、最丰富的灵感源泉。

由于互联网的发展和普及,人类的生活打破了时间和空间的局限,不同信息影响着当今人们的观念,也对艺术文化也造成了冲击。现在的艺术文化不再像过往任何一个时期拥有统一风格,人们对艺术的品位没有了所谓"权威"的存在。而这种艺术上的改变,也影响着现今家居设计,现代家居装饰潮流趋势不再是从前的单一模式。随着信息的快速传播与文化多元的发展,

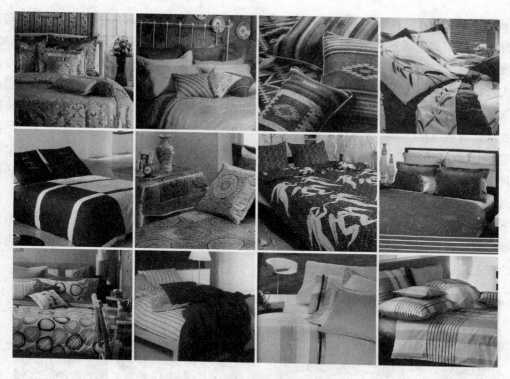

图4-31　不同风格的床上用品造型设计

古典艺术、新艺术主义、新装饰艺术、波普艺术、欧普艺术等各种不同的艺术风格在极短的时间内兴起、发展和消退,此起彼伏。每一种艺术思潮和艺术形式都为家纺产品设计提供可借鉴的设计理念和形式语言,设计师要结合自身产品的市场定位,选取某种风格作为产品设计的主导风格,同时也要顺应市场的变化,从各种流行的艺术风潮中提取适当的元素运用在产品设计中。

### (三)根据社会发展变化的动因做出风格定位

现今室内空间讲求"使用率"。无疑,随着室内空间的增大,其使用功能也越高,如果只是盲目扩大空间来提高使用功能,那就容易造成成了空间的浪费。而且现代人均居住空间日益减少,像这种盲目增大空间的方法也是不实际的。因此,现今室内设计更讲求空间的利用。如一个普通的客厅经过合理设计,便可以使之变成一个客厅和餐厅;如利用合理的摆放,即使在没有储物室的房子内,卫浴间也可以完成收纳的任务;家具在家居设计中占主角地位,多功能的家具是现代人的首选。

居室空间是根据功能关系组合而成的,功能空间相互渗透,使利用率达到最高。现代家居不再是以房间组合为主,空间的划分也不再局限于固定墙体,而是通过家具、吊顶、地面材料、陈列品甚至颜色、光线的变化来划分不同功能空间,而且这种划分又表现出极强的灵活性和流动性;同时,居室内的家具也应当拥有很高的灵活性,以应付不同的使用场合。

现代人注重个性,那么现今的居室当然也重视个性。它不一定追求高档豪华,反而着力表现区别于他人的东西,也就是独特的个性。现今室内设计注重住宅小空间、多功能的特征。与主人兴趣爱好有关的功能空间,如视听室、酒吧、健身角、工作室等。这些个性化的功能空间完全可以按主人的个人喜好进行设计,从而表现出与众不同的效果。同时,现代人们虽然提高了生活质量,却又感到失去了传统、失去了过去,因此,室内设计在个性化的前提下,变得既要求现代化又要讲传统,形成一种"融合混搭"的风格。

### (四)科技进步与设计创新所形成的风格定位

在多样化的家居潮流中,流行早已不是单线或平行线的一直延伸,现行的时尚是交叉的、互动的

#### 1. 智能化高技术与新工艺新材料

传统家具工艺与智能化高技术进行碰撞后,产生了前卫、大胆的惊人效果,如在木材、金属、玻璃、塑胶等材料的造型上进行计算机软件技术控制的激光雕刻、印花、腐蚀、压痕、镂空,精确地表现了设计师想要表达的强烈视觉效果,显示出"数字化高新技术"取代"传统加工技术"的潮流。如各种新型塑料与有机玻璃、切割成型的彩色海绵、印花布艺、印花贴面、各种金属的雕刻与镂空工艺;数字化的建模技术将简单的沙发转变为复杂多变的造型,特别是许多单人椅的设计已经是艺术雕塑的成分远远大于椅子的原本功能。

#### 2. 混合文化元素与多元材质肌理

在不同时期有不同的技术、材料去支撑新的一轮艺术革命,从而直接影响室内风格,特别是在现代主义及后现代主义时期。在这段时期里,随着科技的爆炸性发展,使许多过去不曾想象的设计都跃然而生。

另外一些比较常见的、华贵的风格也是一种混搭的状态。如鸟笼可以变成灯具,与餐厅的元素来搭配;已经变形的装饰性为主的壁炉;玻璃制品跟古典家具结合;水晶灯跟现代的吧灯、吧台结合;古典的家具跟现代的玻璃品结合搭配。如在相对现代的场所中可以看到,里面的中式家具也形成一种趣味式的搭配。古典家具跟现代灯具和布艺等的多元混搭,使一种看似中式的环境融入了很多现代化的时尚元素,这也是时髦的布局。

第二个方面是材料运用所形成的时尚风格。未来的材料会盛行皮革、皮饰,闪烁型质感的材料也会比较受宠,旋花圈草等图腾花饰型墙纸、布料、砖石继续大行其道。特别值得注意的是,皮革、皮饰非常受重视。

### 二、造型设计的创意表达

造型设计的创意表达是对高级家纺设计师职业技能的考核要求。高级家纺设计师应具备将产品造型设计规划付诸实施的能力,并且在指导实施计划的过程中对产品造型的创意主题、产品个性和时尚风格定位做出全面的说明。

#### (一)制作产品造型设计的创意规划预想方案

产品造型设计的创意规划预想方案是产品设计部门根据企业品牌的季度开发计划,针对新产品设计而制订的方向性文案,为具体的产品设计做出方向性的限制,并在整个产品设计过程中起指导性的作用,是在新产品研发流程中很重要的环节。

**1. 产品造型设计的创意规划预想方案的依据**

国内家纺企业的产品研发大多是以春、秋两届展会新产品的推广为内容,以提高新产品上市点货率和终端单元命中率为切入点。原则上,春季产品研发预想主要针对本年度市场主流需求而制订,秋季产品研发预想则是对春季产品的补充和前期畅销产品的延伸。在制订春、秋两届展会新产品研发预想方案之前,首先需要营销部门(包括外贸部)提供全面的销售数据,再根据市场调查预测和客户要求,进行广泛的数据和意见收集分析,然后形成营销预想结论,最后由产品开发部门以营销预想方案为规划基础,制订产品造型设计的创意规划预想方案。

**2. 产品创意规划预想方案的内容及流程**

产品创意规划预想方案的制订分两个阶段进行。第一个阶段,由产品开发部根据营销预想方案提出的实际需求,组织产品营销和研发队伍就预想方案细节展开讨论,对营销预想方案所呈现的数据进行论证,经过反复讨论确定新产品的开发方向。第二阶段,首先由设计总监组织设计人员对新产品的开发方向进行综合分析并归类,然后制作产品创意规划预想方案。最后,产品开发部根据相关资料对新产品创意规划预想方案进行可行性评估,并结合生产资源对方案进行审核后,上报公司审批。

预想方案的内容是根据新产品研发所需的节点展开的,包括市场定位、风格类型、主题概念、空间定义、款式造型、工艺应用、配色方式、面料搭配、规格定位、价格定位等各项指标的预定,最后形成清晰的新产品开发规划方案。

制订创意规划预想方案应注意以下事项。

(1)品牌产品季度整体的设计理念及主题设定:市场针对性要强,产品的设计主题突出,系列产品设计风格明确,能充分体现本企业产品特色和现代家纺的文化内涵,从方便消费者的角度出发,一方面要注重产品的整体配套性与灵活混搭关系,坚持独辟蹊径的设计原则以应对家纺产品同质化的弊端,突出品牌自身魅力,给消费者以认同感;另一方面要尽量避免与本品牌以往产品过于相似,既要体现延续型又要有互补性。具体地说,新产品的开发应该从花型、色彩、表现手法、坯布、款式造型、工艺应用等方面区别于以往产品。

(2)要有明确的新产品开发定位。

①家纺产品的市场定位、功能定位、技术目标定位应该在充分的市场调研的基础上,结合本企业品牌特点和实际情况而做出的全面计划。市场定位要从本企业的目标市场、目标消费群需求、市场同类产品的错位差和本企业生产能力与特色等方面考虑定位。如针对本企业传统产品特色、设备优势,对应本企业经市场调研得出的目标市场及目标消费群、企业市场竞争对手的产品特色及营销策略,确定本企业的产品市场定位。

②产品主题:产品主题的设定要注意适应不同人群灵活选择的空间,切忌主题设定时出现单一或雷同的情况,应该尽量把不同的风格拉开距离,如中式与欧式、古典与现代、豪华与简约、休闲与华丽等。

③功能定位:产品的功能定位需从企业产品系列配套的角度出发,充分考虑消费者方便实用,配备多套配色方案,可考虑从人的生活状态和行为方式入手进行不同功能空间产品的分类

设计,如客厅类、卧室类、书房类、餐厨类、卫浴类等。

④技术目标定位:根据企业现有的设备和工艺技术条件定位,同时也要结合企业发展的战略需要和充分考虑自身品牌的特色来进行技术目标的定位。

(3)可以通过概念版和简要的文字表述新产品开发的各个要素,如主题概念版、色彩概念版、纹样概念版、材料概念版、款式造型概念版、工艺应用概念版等。

**(二)根据创意规划预想方案完成产品设计的实施计划**

设计实施是对创意规划预想方案的执行。设计预想方案出台之后就进入了方案设计阶段,设计师在技术和资源审定范围内展开具体的产品设计工作。在主题和预案的规定下,设计师应充分发挥自己的想象,寻找灵感,并把灵感转化为产品的具体元素,即产品的造型、色彩、材料、工艺、配饰等,然后把这些构成产品的元素的运用通过设计图纸表现出来,从而把设计意图和设计的具体内容传达给大家。

**1. 设计构思**

在主题和总体设计方案的把握下,设计师的设计构思才得以展开,设计构思开始于对灵感的挖掘,它包括从灵感的寻找、提炼到转化为一个个具体的设计元素的全过程。这个过程常常体现为设计师对预想方案的理解与发挥,它成型于大脑,表达于纸上,表现了设计师对产品设计的造型、色彩、材料、工艺等元素初步的思路。

**2. 设计表达**

设计师在完成初步构想之后,就需要用合适的方式把大脑中的构思逐步表达出来。随着表达的进行,设计构思也在不断地变化调整着。因此,表达的过程实际上也是构思完成的步骤之一,表达完成的时候才算构思的最终完成。最方便快捷又直观易读的设计表达方式莫过于图形的绘制,产品造型设计图的绘制有快捷但粗略的草图、清晰明了的效果图、细化深入的款式设计图三种方式。如果在图形表达的同时,再配以文字说明,就更能清晰准确地表达设计者的意图和构思了。

**3. 设计投产前的准备**

设计方案由参与营销预想及研发预想制订的班子共同评审,并确定符合预想方案要求的最佳方案进行产品投产前的样品制作(打样)。打样的目的有四个:一是对设计效果的初步展现。按照设计思路和工艺尺寸等的说明进行打样,可以以实物的真实效果来检验设计思路的好坏。二是对新品开发的市场认可度的检验。打样的量可多可少,事先打出的样品可以先放到市场上试销,让市场做出更进一步的检验,再根据市场接受度的大小来决定了该款的投产数量的多少。三是对批量投产的工艺指导。模拟批量生产时的设备条件和工艺流程等,对生产工艺进行模拟实验,选择最佳的工艺方案,并对设计说明中的工艺说明做出适时调整和完善。它包括工序的实验与调整,面辅料的选用、工艺技术的实验以及每一个与生产实践有关的细节。四是为生产部门测算工时,通过每一道序的工时计算可以确定工序的价值,它既决定了工人的劳动报酬,又决定着产品的生产成本,是一个很重要的环节。

打样是产品批量生产的技术参照标准,必须认真对待。制作样品的过程对工艺要求较高,必须严谨地对待每一道工序,稍有疏忽都可能会在日后的批量生产或市场销售中产生无法弥补的损失。

样品制作的同时,负责方案配套工序的设计师,根据创意规划预想方案的要求,同步进行主题产品相关的配套设计工作。

### 4. 产品的评估

样品制作完成后应该由企业的职能部门进行综合评价。样品成品审核达到预想方案所要求的指标后,开发部负责将新产品技术资料以受控文件的方式发放至各相关部门,并协助相关部门实施量产前的准备工作。通过评估最终确定样品的成本核算和市场前景预测并确定产品的投产数量;生产部门还要根据样品的制作工时、工序,预测新产品进行批量生产时的加工时间及加工费用,以保证工期和确定成本;同时设计部门要再次核准最终样品与品牌理念和风格定位的关系。经过对样品的客观评价,提出具体的整改要求,最后确定最佳方案。在这个过程中,样品的制作人员无权对样品做出变更,也无权改变原来的设计。

产品设计经过从定位、推出预案、设计构思到设计样衣的制作可以算做是一次产品设计的完成,却并不意味着产品开发的完成。产品开发是一个永远开放的过程,它需要在不断评价上次设计的同时,预测和估计下一次设计的方案,不断推出符合企业理念又能持续满足市场需求的产品。这就是产品设计的评估,它同样是产品开发不可或缺的重要环节。产品设计评估内容和方法一方面会因设计产品所处阶段的不同而有所不同,另一方面也会因为产品设计者的不同而不同。

### (三)编写设计造型说明书

设计稿完成之后,要对设计图纸进行以下文字说明,来补充图纸绘制难以表达清楚的内容,从而更加清晰地把设计思路传达给使用者。这主要包括以下几项内容。

### 1. 设计构思说明

设计构思的说明是设计说明中最重要的部分。首先把产品造型主题的理解做简单的陈述,把对灵感源的捕捉和联想陈述清楚,以利于用户对产品设计意图的深入理解,然后详细说明产品造型、色彩、结构、工艺等设计元素的运用手法及意图,表明设计者是如何用这些设计语言来表达主题的。对设计构思的说明,是对设计的阐释和深化,它首先能够辅助效果图增强设计方案的说服力;其次就是指导制作与生产,有时候甚至也可以作为设计推广的文字工具来推销设计。

### 2. 规格尺寸的说明

一个完整的设计说明,必须附带有规格尺寸的具体说明。每个产品在设计中对整体造型局部结构把握的好坏,不仅仅体现在对风格的表现、对比例关系的斟酌等方面,更体现在对产品造型每一个部位的规格尺寸的准确界定上。对一般的产品造型来说,只要标注各部位的详细尺寸就可以了;如果是比较特殊的造型,则需要对被处理的部位做出独立的详细尺寸说明。这些都是实现设计构思必不可少的步骤。

### 3. 工艺说明

设计的最终呈现除了与设计理念、造型结构、规格尺寸有直接的关系之外,工艺手段的实施也起着十分重要的作用。同样的产品,如果缝制的工艺流程不同,其设计效果有时会大相径庭,尤其对某些特殊结构的设计来说,其制作工序的特殊性直接决定了最终的效果。如果不加以说明,工艺师就会曲解设计意图,达不到设计效果。还有一些设计,则需要特殊工艺的处理才能完成,对这些特殊部位的工艺技术、甚至应使用何种专用的设备等,都需要做特殊说明。目前,特殊工艺的运用是家纺产品设计中常用的创意手段,许多产品甚至以特殊工艺的运用为特色进行产品开发。在这种情况下,工艺说明就显得越来越重要了。

#### 4. 材料说明

材料说明也是设计说明中必不可少的环节,效果图只能呈现大致的产品效果,这样的效果如何实现,除了结构和工艺的处理之外,面料的选择也起着至关重要的作用。因此,详细地标明各种材料的具体名称、材质、花色、纱线线密度、克重、数量等,对实现设计意图也至关重要。家纺产品涉及的材质种类繁多,应用的部位也各不相同,需要逐一标明;配料主要是与面料搭配使用,搭配的部位也需要特别标注。

## ✳ 产品造型设计表达的流程

产品开发是一项以市场变化为导向的系统性重点工作,是现代企业增加竞争力的重要决定因素,其工作标准及流程的科学化、规范化及有效性会直接影响公司的正常运营和稳步发展。所以,产品开发应该以经销商的盈利为最终目的,并以此作为基本方针,推动各个环节相应做出调整,通过对新产品研发流程的完善和修正,提出更具可操控性的工作程序。

### 一、产品造型设计的风格定位

家纺产品既是物质产品又是精神产品,精神的内涵是通过具体产品感性的风格体现出来的。家纺产品的载体是室内环境,它的设计风格定位、家居文化与人们的生活方式息息相关,它体现出消费者个性化追求的最高境界。不同风格的家纺产品体现不同的时代、不同人的生活方式及不同的需求。只有通过准确的产品的风格定位并使之反映消费者的自我个性,才能使家纺产品具备自我言说的能力,才能赢得消费者。

产品的风格还可以展示和树立品牌形象。消费者定位、产品风格定位、品牌定位三者高度和谐统一,才能烘托出产品的"综合品牌"形象。因此,设计师必须加强对文化元素的理解并融入产品设计理念,研究如何通过物质手段体现于产品风格上,打造匠心独运的产品风格,只有这样才能使产品立于不败之地。

### 二、制作产品造型设计概念版

造型设计概念版是产品创意规划预想方案的重要内容,是在产品整体开发理念指导下,围绕产品造型设计的各个相关要素展开的图形表达方式,包括市场定位、风格类型、主题概念、空间定义、款式造型预想、工艺应用、配色方式、面料搭配、规格定位、价格定位等各项指标的预定。这种直观的表达方式有助于设计师整理设计思路,加强对产品开发主题概念的理解,为下一步具体产品的设计指明可参照的素材,确保产品设计方向的准确性。

### 三、根据概念设计制订产品造型的实施方案

#### (一)设计表达

根据概念版确定产品造型设计的方向并绘制款式设计图。

#### (二)方案审定

设计方案经过评审,确定符合预想案要求后筛选出最佳方案下达样品制作部门进行量产前的样品制作。

#### (三)样品制作

确定造型设计的主料、辅料及装饰物(打板→开料→车缝→局部整理→熨烫→调整→成品→评估)。

### 四、编写造型设计说明书

造型设计说明书包括以下内容。

(1)造型设计风格定位的说明。

(2)造型设计的色彩、纹样、材料、工艺等因素与风格定位的关系。

(3)色彩、纹样、材料、工艺等因素在产品造型实施过程中的规范。

(4)产品造型的质量标准。

(5)产品造型在展示或实际应用中的注意事项。

### 思考题:

1. 家纺产品造型设计的风格定位要把握哪些要点?

2. 任选一种家纺产品制订产品造型的实施方案。

3. 任选一种家纺类产品制作创意规划的预想方案。

4. 试就某一具体家纺类产品编写造型设计说明书。

5. 谈谈你对产品造型设计(混搭)的看法并举例说明。

# 第五章 培训与指导

培训与指导是高级家纺设计师应具备的职业能力。高级家纺设计师要根据企业实际情况组织编写培训教材,对中级、初级家纺设计师实施培训计划。高级家纺设计师还要按计划的要求对中级、初级设计师进行具体的设计指导。

## 第一节 培 训

### ✿ 学习目标

通过培训计划制订和教学基本知识的学习,使高级家纺设计师掌握培训工作的方法,并能进行实际培训工作。

### ✿ 相关知识

#### 一、培训内容和培训目标

通过比较系统的培训计划,使中级、初级家纺设计师能够从整体上认识行业发展状况、企业的经营决策以及设计师的使命,提高设计师的实际工作能力。

##### (一)提高宏观认识和把握能力

培训工作第一步要使接受培训者了解和认识整个行业发展的状况。行业发展状况包括以下三个方面。

###### 1. 家纺设计发展的历史

学习中外家纺设计发展史是为了让家纺设计师了解家纺设计的变迁,了解历史上各种设计艺术风格的形成和演变轨迹,掌握传承、发展的关系,更好地为现实设计服务。学习历史不是简单地了解过去人们的生活,而是从当前的发展需要来认识历史。历史上一些经典的设计风格如何与时尚的生活需要相结合,如何体现时代的精神是我们要深入研究的问题。在弘扬民族文化方面,如何提炼传统文化中的精髓加以发扬光大,也是需要探讨的课题。

###### 2. 行业发展的现状

培训工作要对行业发展的现状做出分析,使接受培训者了解行业现状。行业现状包括目前整个行业发展的基本情况:市场、消费者、生产能力和生产水平,产品设计的理念和设计服务的要求。对行业的宏观分析最后要落脚到某一企业的实际营销活动中来,要对企业面对的实际情况做出分析。在这一方面的培训重点,要围绕目标消费者的需求和设计服务的要求展开。

### 3. 家纺设计师的使命

培训工作要使接受培训的设计师明确家纺设计师的使命。从总体上讲,家纺设计师的使命是打造中国家纺品牌和国际家纺品牌。具体地讲,根据不同企业和不同的发展阶段,设计师的使命可以具体分解为不同的内容和要求。设计师要依照企业发展目标、品牌战略、产品发展规划、市场营销等方面要求分别完成设计工作任务,要为企业效益、顾客需求、消费者需求提供优质设计服务。

### (二)提高设计师实际能力

设计师的实际能力表现为设计师的基本素质,能力培训也是素质提高的要求。从基本素质角度考察,设计师应该具备策划能力、组织能力与沟通能力。策划有整体策划和项目策划等不同类别。高级设计师要具有整体策划能力,而中、初级设计师要通过培训掌握项目策划的要领,并能够按总体规划要求进行分项目的策划工作。在培训策划能力的同时,还应该培训相应的沟通能力。沟通包括企业内部的沟通:从设计研发到生产制造、成品销售整个产品生产线的沟通以及企业、市场、顾客、消费者之间的沟通。设计师要掌握沟通方法、沟通技巧,提高沟通能力。从宏观角度讲,设计师培训还应该包括组织能力的培训。组织能力是在产品研发项目的规划中从制订方案到收集资料,组织实施方案,评估设计结果,根据市场及消费的信息反馈来修改与完善设计方案全过程的组织实施与掌控能力。

具体的设计师工作能力培训可以按以下四方面进行。

### 1. 创造力培训

设计创新是家纺设计工作的灵魂,没有创新,就没有发展。设计创造力的培训有多种途径。家纺行业的设计创新主要是在对未来家纺流行趋势做出分析预测基础上,提炼出表达时尚审美观的各种要素。对各种要素做出新的诠释和演绎,并以打破常规的方式进行要素组合。通常所说:"走在时尚潮流的前沿",就是家纺设计创新的体现。家纺产品的消费群体具有潜在的、个性化的消费需求。设计师通过设计创新,要能够将这些模糊的意念的东西明确表达在产品设计中。

创造力培训的具体方法可以通过概念设计来展开。培训者可以从设计创新要求出发,创造出一种全新的设计概念,展开设计联想和捕捉设计灵感,提炼设计要素以及对要素进行分解构成,重新整合,并且尝试运用不同的表现方法来完善和深化主题的概念。

### 2. 设计表现力培训

设计表现力包括对设计要素的合理运用能力、要素的整合能力、最终效果的表达能力。设计表现力培训可以围绕某一具体家纺产品的设计工作展开,要求培训者针对产品设计的主题来确定相关的设计要素,如确定设计的表现手法、确定设计色彩搭配要求、确定设计的材料及工艺运用、确定设计的结构和款式、确定产品的最终效果。

表现力培训的重点是掌握设计的技法与对生产全程的了解和把控。要求培训者熟悉企业生产流程，了解工艺制作的特点，生产技术的特点，做到设计适应生产要求，反过来，产品设计中使用的工艺技术又要能很好地体现设计的意念。

### 3. 大家纺配套设计能力培训

大家纺配套设计是指家纺产品的空间整合以及整体展示效果的设计。不论从事哪一项具体家纺产品设计工作的设计师对于大家纺整体设计都必须做到心中有数。大家纺配套的概念包括产品各个组成部分的整体配套、产品与产品之间的配套、整个居室空间环境的装饰配套。培训的重点要求在设计中要明确配套的风格定位。从特定的风格设计出发，将各个部件从造型、色彩、图案、材料、工艺、技术运用方面加以有机整合，达到产品设计高度统一与协调的整体效果。

### 4. 对设计进行综合分析的能力培训

对于训练有素的设计师而言，必须具备对产品设计进行综合分析的能力。所谓综合分析，是指设计师对设计思维产生、形成、演变的过程以及构成整体设计各个部分之间的有机联系的研究。进行产品设计之前，必须调查研究，掌握各种信息和资料。综合分析是对信息、资料处理的过程。通过综合分析，设计师能够明确设计潮流的发展方向，明确设计的针对性，从而能够更好地把握设计的整体效果。

## 二、培训计划与培训方法

制订培训计划和确定培训的方法是高级家纺设计师重要的工作职能，它体现了高级家纺设计师的组织能力和综合策划能力。

### （一）制订培训计划的原则

培训工作的总原则是要根据企业的实际情况和实际需要来制订培训计划，培训计划要围绕培训目标全面展开。制订具体的培训计划要遵循以下几条原则。

（1）明确培训目标。

（2）确定培训内容。

（3）确定时间安排和培训地点。

（4）确定培训人员和培训对象。

（5）确定培训课程和进度。

（6）对培训结果进行考核。

### （二）实施培训计划的方法步骤

实施培训计划要首先确定培训的教材，然后对教材的内容再进行分解，确定课程的安排和培训的进度；在整个培训过程中，要运用灵活、生动的培训方法，以使培训工作产生积极效果，最后对培训效果做出考核、评估、总结。

### 1. 培训教材的编写和编辑

培训教材的编写和编辑是一个系统工程，是搞好培训工作的关键。编写和编辑教材是对高级家纺设计师职业能力全面的考核。家纺设计师培训教材设计内容十分广泛,从专业角度分为家纺设计发展史、家纺设计风格流派、家纺流行趋势研究和预测、家纺设计基础知识等相关内容;从相关联知识角度分为家纺材料学、纺织工程和工艺技术、家居文化和环境艺术等内容;从企业营销战略方面分为、商品学、市场学等相关内容和市场营销学、品牌战略等相关内容。教材编写和编写的任务是通过梳理和编排把各种知识加以量化、按培训目标加以确定。教材编辑的基本原则就是要求有明确的针对性和实用性以及可操作性。

培训教材要根据企业的实际情况分阶段进行编排,每一阶段确定相应的内容和考核要求。具体的教材编写可以分为若干章和节,每一章确定相关知识点和考核流程,便于实际操作。

### 2. 课程安排和培训进度

家纺设计师的培训分为在职培训和脱产培训两种类型。培训课程要根据具体的情况进行灵活机动的安排,要既不影响设计工作进行又保证培训计划的圆满完成。在一个企业内部,则应考虑实际情况采用更为灵活的方式进行。培训方式可分为集中培训、专题培训、日常工作过程中培训及全脱产和半脱产方式培训等。

培训课程要按培训对象进行安排,同时培训课程的安排也要考虑完成的时间和完成的进度。比如集中培训,由于参加培训人员多、面广,时间也相对集中,可以安排公共课和基础方面的课程。集中培训的目的多侧重于系统性培训和综合素质的培训。而专题培训可以比较专业化,范围相对小一些,课程安排要具体,要求对问题进行深入的分析和探讨。专题培训的目的是使设计师快速掌握专业技能,适应设计工作的需要。日常培训工作可以结合生产工作的实际进行,可以围绕某一系列产品设计的总体规划来进行培训辅导,要理论联系实际,边学边用。

培训工作要按照培训总体目标和阶段性要求掌握好进度,制订出培训计划的时间表。

### 3. 培训的方式和方法

针对企业内设计师的培训工作和一般院校学生的学习有一定区别。设计师培训要求理论联系实际,有针对性,强调实际动手能力和实际策划能力。在培训方式上可以多样化,课堂讲解和工厂实习可以同时进行,听课与动手可以同时进行;集中指导和分组讨论可以同时进行。在培训具体方法上也可以尽量活泼、生动,提高学员学习的积极性。理论课可以请专家和经验丰富的专业技术人员讲解,实践课可由有实践经验的工人进行具体讲解。课堂讲课可以用讲座方式,也可以通过互动的讨论方式进行。通过互动培训还可以提高设计人员团队精神。

### 4. 培训考核和效果总结

在培训过程中,完成每一章节的培训课后要设置相应作业。每阶段的培训工作完成后要对学员做出考核,以检查培训工作的效果。考核分两方面内容:知识考核和实际操作考核。知识考核可以由高级家纺设计师拟出试卷,由学员答卷;动手能力考核可以由高级家纺设计师拟出设计项目,由学员完成。实际操作的考核可以在生产现场进行。考核制度本身也是一种激励机制,可以激励在职设计师努力学习专业知识和专业技能,提高自身素质。对于企业来讲,培训是一种投资。培训的效果好坏,直接影响企业的产品开发和整体效益。因此,培训工作的效果如何,会直接反映在企业产品设计与开发的成绩上。

## ❋ 培训流程

### 一、制订培训计划

根据企业发展要求,制订相应的设计师培训计划。培训计划要确定培训的总目标和具体内容,要确定培训时间、地点、人员安排和培训对象,要确定培训课程和培训进度,要对培训考核做出标注。

### 二、编写培训教材

要求按培训目标编写相应的培训教材,教材要有明确的针对性和可操作性,教材要明确学习目标、相关知识、操作要点、考核标准。

### 三、培训计划的实施

实施培训计划要进行课程和学时的规划与安排,要确定培训的方式和具体的培训方法,要按进度的要求把控培训计划的实施。

### 四、考核与总结

要求对培训学员的最终学习成绩做出考核和评价,要对整个培训计划完成情况做出总结和评估。

**思考题:**

1. 企业设计师培训工作应重点围绕哪些方面进行?
2. 如何根据企业实际情况制订培训计划? 举例说明。
3. 编写培训教材有哪些要求?
4. 企业内的培训工作通常采用哪些方法? 举例说明。
5. 设计师能力培训表现在哪些方面?

# 第二节 设计指导

## ❋ 学习目标

通过设计工作指导的要点以及设计指导方法的学习,使高级家纺设计师能够掌握设计工作指导的方法,并且能够对初级、中级家纺设计师做出具体的设计指导。

## ❋ 相关知识

### 一、设计指导的内容和要点

设计指导工作主要是按照设计总体规划确定的任务对设计人员的设计工作过程进行全面指导。指导工作要贯穿于设计计划的制订、设计任务的分配、设计计划的执行、设计效果的评议和改进的全过程。

#### (一)对制订设计计划进行指导

在设计总体规划确定以后,高级家纺设计师要组织设计人员制订各种分类设计的计划,并对制订设计计划作指导。如某一家纺企业制订某年度国际家纺展参展产品设计总体规划之后,高级家纺设计师按总体规划要求将其分解为几个不同系列类别的产品设计,每类确定为某种风格,然后交由设计人员分别制订设计计划。高级家纺设计师要对各类风格的设计计划做出具体指导。制订设计计划的指导内容包括以下两方面。

(1)要向设计人员分析和讲解总体设计规划与具体设计计划的关系,分析总体规划的市场定位和消费者定位以及总体产品设计特色定位,然后讲解各产品系列的不同设计风格定位。

(2)在制订系列产品设计计划时,要针对设计的创意主题进行分析和提炼。高级家纺设计师可以参与指导各系列设计的计划工作,帮设计人员确定设计主题和各种设计要素,帮助和指导设计人员分析要素和要素组合关系,与分组设计人员一齐完成系列产品整体策划工作。

高级家纺设计师指导工作的意义主要是提高设计人员的思维能力与实际操作能力,使他们能够独立思考、独立工作,了解各项工作之间的内在联系。

#### (二)对下达的设计任务作指导

在设计任务下达以后,高级家纺设计师要针对设计人员的具体情况进行指导。高级家纺设计师要对产品设计的总目标与具体的设计方法进行分析、讲解。指导工作的要点为:设计题材选用、设计的表现手法、设计的色彩关系、材料与工艺、产品造型要素、产品展示综合效果。指导工作的目的是引导设计人员学会分析问题方法,把握产品的总体设计的方向。如某一产品系列定名为"维多利亚乡村田园风情",就要按维多利亚乡村田园的综合印象来把握住产品整体效果,然后分析各种道具的特点:家纺产品造型特点以及材料工艺特点,分析图案、组织结构、色彩搭配的特点等,使设计人员通过分析把握住该产品设计风格特点。同时,高级家纺设计师在进行指导时,还要运用比较的方法使设计主题深化。如"维多利亚"花卉图案和法国"茱伊图案"作为同样的欧式乡村风格,要对其表现手法进行分析比较,找出其共同特点和差异性,研究在设计中如何取舍和深化。

#### (三)对设计任务执行的指导

高级家纺设计师的工作职责要求对设计计划的执行过程进行监督,同时又要对执行的过程进行指导。指导的重点为:对设计方案可行性的指导和对工艺制作与技术要求的指导。家纺产品的设计效果要靠生产工艺和生产技术来体现。作为设计师只有对家纺企业各种生产工艺加工过程有非常谙熟的了解,才能有效地利用生产工艺达到理想的产品设计效果。家纺生产工艺和技术的综合运用是科技进步在产品设计方面的体现。设计指导工作要对各种工艺与表现力进行分析,引导设计人员根据设计要求综合利用各种工艺和技术。产品设计的艺术效果与制作工艺和技术的完美结合体现了设计师的素质和实际能力,是设计指导工作的要点。另一方面,指导工作还应针对产品设计方案的可行性来进行。可行性指导内容包括设计方案是否适应生产条件、成本的费用是否在预算之内、设计是否体现消费者对产品功能性和审美性的需求等。

### (四)对设计综合效果的评议

高级家纺设计师在各个系列产品设计方案完成后,要对设计综合效果做出分析和评议,要对照设计规划要求做出基本的评估。评估活动是对设计计划完成情况进行阶段性总结,一般情况下,由高级设计师主持,全体设计人员参加。高级设计师对设计作品一一点评,点评要指出设计的优点与不足之处,要提出设计中出现的问题,对设计作品提出改进意见与建议。

对设计作品的综合评议可以参照下列方面。

(1)设计作品内容是否与主题概念相吻合,如何进一步深化主题内容。

(2)设计作品选择的题材是否恰当,如何使其更明确化。

(3)设计作品表现手法是否与主题内容一致,有哪些需要进一步改进。

(4)设计作品的图案造型是否与整体设计手法一致,如何进一步完善。

(5)设计作品的色彩搭配与整体表现方法是否统一,是否符合消费者的时尚要求。

(6)设计作品材料运用与工艺方法是否恰当,是否与整体相协调。

(7)设计作品的款式造型与面料、辅料、配件的整体搭配是否统一、协调。

(8)设计作品的空间展示效果是否完整地体现了设计主题思想。

(9)设计作品在细节上还有哪些需要改善的地方。

### (五)对产品设计的改进意见

对产品设计提出改进意见是设计指导的一项重要内容。改进意见是在对设计作品问题分析的基础上提出的,对于设计人员来讲,这是认识上一种深化过程,是一次实践学习的极好机会。

综上所述,设计指导工作要围绕设计任务完成的全过程展开。设计指导的重点体现在三方面。第一,是通过指导使设计人员明确设计目标,使每一个设计环节与总目标相一致;第二,要针对设计工作中的问题和薄弱环节做出指导;第三,要通过指导,使设计人员领会"为什么这样做?""这样做的目的是什么?""怎样做会更好?"这一思维方法。

## 二、设计指导的方法

在家纺企业中,设计人员的素质与设计水平是参差不齐的。家纺企业要组建一支优秀的设计团队,提高设计队伍整体水平,必须有一套行之有效的设计指导方法。高级家纺设计师要根据本企业的实际情况,设计指导计划和确定相应的指导方法。在一个企业中,有工作年限长的老设计师,也有刚毕业进入工厂的学员;有训练有素的设计师,也有刚踏入社会的实习设计人员。因此,在指导方法上,要按不同情况和设计人员的个性特点做出灵活机动的指导方案。家纺企业在实施品牌战略的进程中,会有不同阶段的发展目标。高级家纺设计师也要针对企业不同阶段的发展要求,做出相应的指导计划和指导方法。实施设计指导方法还要考虑企业的条件和现实情况。

## (一)集中指导方法

集中指导是面对全体设计人员的一种指导方法。在一个家纺企业内部,一般都有几组分工不同的设计组合部门,每个设计组合部门都有自身优势与弱势。指导的要求是分析、总结每个设计组合部门的设计优势,按照设计规划要求做出带有方向性的指导。集中指导的目的是使整体设计团队目标明确,协调一致,提高综合素质,发挥整体优势。集中指导主要是全局性的指导和综合素质的指导,如行业发展状况与科技发展水平、时尚的设计理念与时尚的流行设计、企业的差异化发展战略、设计的个性化与创意思维,与家纺行业相关的环境艺术、室内装饰、建材、家具行业发展状况等。集中指导也可以结合专题指导进行。

集中指导的优点是,通过这种方式建立一种企业文化,提高设计人员整体观念和综合素质。但是集中指导的效果往往是潜移默化的,不是短期内能立竿见影的一种方式。

集中指导方法一般是在设计任务下达之前的准备阶段和任务完成后的间歇时间内进行,相对时间充裕,便于设计人员心态的调整。

集中指导要求高级设计师事前做充分的准备,确定指导内容,并要做到有明确的针对性。

## (二)个别指导方法

对于企业的设计团队来讲,由于水平参差不齐,会影响整体水平的发挥。为此,高级家纺设计师要针对设计人员的不同情况进行个别指导。

个别指导一是对有一定工作能力和工作经验的设计人员进行专业性指导;二是对刚刚从事设计工作的设计人员进行岗位指导。专业性指导是使设计人员更加全面掌握某一专业设计知识,能独立地完成设计任务;岗位指导是让设计人员尽快地熟悉设计工作基本要求,能够尽快胜任本职工作。两种指导都是在下达正常的设计计划情况下进行的,都要求做到理论指导实践,边学边做。对设计新手,可以先安排简单的设计任务,在工作中通过指导使设计新手熟悉设计要求,提高设计能力。

对设计人员的个别指导要因人而异,采取灵活多样的方法进行。指导工作不是包办代替,而是通过指导使设计人员自己明白道理,自我更新。产品设计工作在很大程度上是一种个体劳动。每个设计人员都有自己的个性,设计的产品不能千篇一律。指导工作也要尊重每个设计人员的个性,启发各自的创造力。

## (三)日常工作中的指导方法

高级家纺设计师的日常工作指导是在不占用其他时间的情况下进行的一种指导方式。日常工作指导是围绕完成设计任务的需要而进行的指导。对高级设计师来讲,这种指导的目的是保证设计任务按质按量地完成;对一般设计人员来讲;要把设计工作过程中的指导作为提高自己的一种途径。

日常指导工作是一种就事论事的方法。如在设计过程中,设计人员对某个问题不明确,高级家纺设计师可以就事论事地予以解答;设计人员对某一设计方法掌握不好,高级家纺设计师可以作现场的示范指导;设计人员在设计制作中某些地方不到位,高级家纺设计师可以随时加以提示,使其即时改进,尽可能使设计达到完善。日常工作的指导方法多种多样,但指导的效果好坏完全可以根据产品设计的最终成果体现出来。唐代诗人杜甫诗云:"好雨知时节,当春乃发生。随风潜入夜,润物细无声。"这是一种境界。高级家纺设计师要以这种境界来履行自己的指导工作职责。

## ✽ 设计指导流程

### 一、把握指导工作的内容和要点

#### (一)设计指导工作内容

(1)对制订设计计划进行指导。

(2)对下达设计任务作指导。

(3)对设计任务的执行过程进行指导。

(4)对设计结果做出评议并提出改进意见。

#### (二)设计指导工作要点

(1)通过指导使设计人员明确目标。

(2)通过指导使设计人员找出设计工作中薄弱环节加以改进。

(3)通过指导使设计人员掌握设计工作的思维方法。

### 二、明确设计指导工作的方法

(1)针对设计团队的总体情况和企业的设计发展要求做集中指导。

(2)根据设计人员的个别情况做出有针对性的个别指导。

(3)根据设计任务完成过程中的情况和需要改进的问题做出日常工作指导。

### 思考题:

1. 谈谈你对家纺设计指导工作目的和意义的看法?

2. 对设计人员进行指导的基本原则有哪些?

3. 如何有效地进行设计指导工作?

4. 如何检验设计指导工作的成效?

5. 你认为在实际操作中有哪些行之有效的指导方法?举例说明。

书目：家纺

| 书 名 | 作 者 | 定价(元) |
|---|---|---|
| **【"十一五"国家重点图书】** | | |
| 中国家纺文化典藏 | 中国家用纺织品行业协会 | 600.00 |
| **【工具书】** | | |
| 英汉汉英家用纺织品分类词汇 | 沈婷婷 | 68.00 |
| **【普通高等教育"十一五"国家级规划教材（高职高专）】** | | |
| 家用纺织品设计与市场开发（配光盘） | 姜淑媛 | 38.00 |
| **【纺织高职高专"十一五"部委级规划教材】** | | |
| 家用大提花织物设计与市场开发 | 姜淑媛 | 50.00 |
| 家用纺织品图案设计与应用（配光盘） | 王福文 | 35.00 |
| 家用纺织品设计与工艺（配光盘） | 庞冬花　刘雪艳 | 39.00 |
| 家用纺织品营销 | 王 艳 | 33.00 |
| 家用纺织品生产管理与成本核算 | 祝永志 | 35.00 |
| 家用纺织品织物设计与应用 | 杜 群 | 36.00 |
| **【纺织高等教育"十五"部委级规划教材】** | | |
| 家用纺织品造型与结构设计 | 沈婷婷 | 31.00 |
| **【纺织高等教育教材】** | | |
| 床品设计与制作 | 候东昱 | 28.00 |
| **【家用纺织品设计丛书】** | | |
| 现代家用纺织品的设计与开发（配光盘） | 龚建培 | 50.00 |
| 家用纺织品检测手册 | 吴 坚 李 淳 | 40.00 |
| **【纺织服装跟单丛书】** | | |
| 家用纺织品理单跟单 | 吴相昶等 | 29.00 |
| **【纺织新技术书库】** | | |
| 毛巾类家用纺织品的设计与生产 | 刘付仁 | 29.00 |
| 生态家用纺织品 | 张敏民 | 28.00 |
| **【纺织技工培训教材】** | | |
| 家用纺织品行业毛巾织布工操作指导 | 中国家用纺织品行业协会 | 16.00 |
| **【其他】** | | |
| 家用纺织品 | 陈荣生 | 20.00 |
| 家用纺织品设计师 | 中华人民共和国劳动和社会保障部制定 | 12.00 |
| 法兰克福家用纺织品博览会趋势解读 | 肖 海 | 68.00 |

注：若本书目中的价格与成书价格不同，则以成书价格为准。中国纺织出版社图书营销中心函购电话：(010)
64168110，或登陆我们的网站查询最新书目。
中国纺织出版社网址：www.c-textilep.com